暗理性

如何掌控情绪

卫蓝 著

浙江人民出版社

图书在版编目（CIP）数据

暗理性：如何掌控情绪 / 卫蓝著. —杭州：浙江人民出版社，2019.11

ISBN 978-7-213-09479-8

Ⅰ. ①暗… Ⅱ. ①卫… Ⅲ. ①情绪—自我控制—通俗读物 Ⅳ. ① B842.6-49

中国版本图书馆CIP 数据核字（2019）第210642号

暗理性：如何掌控情绪

AN LIXING: RUHE ZHANGKONG QINGXU

卫　蓝　著

出版发行　浙江人民出版社（杭州市体育场路347号　邮编　310006）
责任编辑　徐　婷
责任校对　杨　帆
封面设计　沐希设计
电脑制版　佳睿天成
印　　刷　河北鹏润印刷有限公司
开　　本　700毫米×980毫米　1/16
印　　张　14.25
字　　数　160千字
版　　次　2019年11月第1版
印　　次　2019年11月第1次印刷
书　　号　ISBN 978-7-213-09479-8
定　　价　48.00元

目录

第八章 亲密关系：成为更好的自己

第九章 情绪重建：用过程分析重建情绪

第十章 次级控制：从改变世界向改变自己转化

序

失控的进步：为什么我们会有各种情绪问题？

我是一个非常容易晕车的人，无论坐什么类型的车都会想吐。以前夸张的时候，坐碰碰车都会感到不舒服，后来经过一些训练才好很多。

那么，人为什么会晕车呢？人耳朵里有一个前庭器官，这个器官里有淋巴液，当我们运动时，淋巴液也会跟着运动并产生运动信号，告诉大脑身体的运动状态，让它调节身体的平衡。但是，如果前庭器官感知到过多的运动或者接受太多不协调的运动信息时，容易产生疲劳和紊乱，我们就会产生恶心等不舒服的感觉。

因此，当我们坐的车摇晃得太厉害时，或者玩3D游戏太久时，很容易感到不舒服。这是因为我们的感官调节不过来，维持不了平衡。换句话说，这是我们身体的进化跟不上科技进步的一个体现。除此之外，我们还有非常多不适应现代社会的表现，其中就包括我们的情绪。

情绪的演化

情绪的功能从最根本上来讲，是围绕“趋利避害”展开的。但是，随着生活环境和社会结构的改变，我们的情绪似乎还遵守着最原始的本能反应。在对环境的应激反应上，情绪反应激活的“战”或“逃”系统也越来越不适应这个不断变化的现代化社会。

大脑关于情绪部分的起源，可以从爬行动物的出现算起，也就是大约2.5亿年前。大脑之所以演化出情绪，是因为它对环境有一定的适应性，这可以帮助爬行动物追求更快的反应和速度。所以，墙上的壁虎在我回头看到它的一瞬间就已经跑了几十步也不至于那么奇怪了，这个过程中起作用的正是动物的低级情绪系统。

这套“粗糙”的情绪系统在演化过程中也被装进了人类的大脑中，被称为原始脑。它主要由脑干和边缘系统构成，控制着我们大部分本能反应。我们的呼吸、进食、睡眠、繁殖以及其他行动，都需要依靠这套简单的系统进行。这套系统也是人性之恶——贪婪、冲动、多疑等的主要来源。然而，这些我们现在所批判的缺点，在千百万年前都是有助于我们祖先生存的“美德”。

另一个系统——皮质脑，可以帮助我们更好地分析环境，以及抑制来自原始脑的“命令”——尤其是抑制冲动。所以，我会把食物存起来熬过这个冬天，但是我家的哈士奇不会。毕竟狗的皮质脑神经元数量只有人类的3.5%，所以它在对进食和其他本能的克制能力上，远不如人类。

皮质脑能让我们更好地应对复杂的环境和群居生活。我们在满足自己需求的同时，也要顾及他人的利益。在这个过程中，我们的皮质脑就会起作用。当我们获得食物时，原始脑发出贪婪的命令：“别碰，都是我的。”但是皮质脑会告诉我们：“上次他们帮助过我，我现在应该给予回报。”

当然，还有另一个介于两者之间的第三个系统——哺乳脑系统，这个系统的构成非常粗糙，有部分原始脑的功能，也有部分皮质脑的功能，算是原始脑到皮质脑的过渡吧。

虽然皮质脑可以抑制我们做出不适当的行为，然而在皮质脑、原始脑，以及哺乳脑的对抗中，往往是控制本能的爬虫脑和哺乳脑获胜。所以，我们不得不怀疑皮质脑是不是摆设——为什么我们明明想做某件事情，最后却做了另一件事情？

这也是我们内在的冲突。心理学家盖瑞·马库斯在《怪诞脑科学》中提到：当脑中形成新的结构时，为了保持身体直立行走和跑动的功能，旧的大脑结构并没有消失。所以，原始脑区的本能反应对人类的影响依旧根深蒂固。

但是这种思维理性与原始本能的冲突，并不代表思维就一定正确。相反，在很多时候，我们的情绪有非常多重要的功能。

“暗理性”

如果说我们的思维是一种理性，那么我们的情绪就是另一种理性，我把它称为“暗理性”。为什么这么称呼情绪呢？这要从功能上分析。

理智感

心理学家阿道夫（R. Adolphs）针对杏仁体受损的人群进行“赌博”实验后发现，他们不会表现出“损失规避”——他们不再因为遭受损失而产生担心和恐惧，即使他们完全明白哪个选择会让自己获得更多利润，但是他们在选择偏好上没有表现出差别。也就是说，他们知道哪个选择更有益，但是大多不会选择它。

我们做的每一个决定都是基于收益与损失，但是杏仁体受损的人，没有办法抑制自己的冒险和鲁莽。也就是说，他们躲避危险和损失的能力丧失了。如果无法判断风险，怎么可能做出一个理智的选择呢？

这也是情绪的第一个功能：让我们产生理智感。这与很多人的直觉相悖，很多人认为情绪化会让我们做出错误的决定，但实际上，情绪让我们做出更为遵循内在声音的决定。这种理智是基于理性产生的。

这种理智感是一种选择倾向的驱动力。比如，你疯玩了一天，突然想起明天要考试，你就会受到焦虑的驱动去复习；或者你对绘画很感兴趣，愉悦的情绪会驱动你去了解绘画。

如果说思维的理性让人不断权衡和思考，那么情绪的这种“暗理性”会成为你的驱动力。戏谑一点说，我们所有的决策都是“脑子一热”做出的。虽然有点难以置信，但是思维会让我们不停地思考，而推着我们行动的则是情绪。

认同感

认同的本质是一种态度倾向，而态度主要由情感构成。当我们厌恶某种规则或者讨厌某个人时，我们就会变得愤怒或者冷漠；当我们喜欢某种规则或者群体时，我们就会变得和善而且愉悦。

以道德认同为例，道德的本质是对社会规则的认可。但是我们为什么会认可一个规则呢？这里面也有非常多的情绪成分。规则约束我们的同时，也赋予了我们权利，因此我们大多数人都倾向于认可规则。道德的产生也是如此，通过社会化，我们产生对道德规则的认可。

但是，一个人如果缺乏足够的情绪认知，那么这个人的道德感就会变得很低。有反社会特质的人群一般有一个特点，那就是情绪感知能力比较差。他们无法很好地感受到他人的痛苦，因此折磨别人时就不会有愧疚感。

再以一个失去情绪的孩子为例。一个在车祸中脑部受到撞击的孩子，在看到自己的妈妈时说：“你的声音、外貌和身材都跟我妈妈一样，但是我知道你不是我妈妈。”这个小男孩失去了情绪，无法对他的妈妈产生正常的依恋情绪，无法判断和认同对方与自己的亲密关系。当一个人失去了情绪，也就失去了喜欢和厌恶的能力。

审美感

相信很多人都有这些体验：听一首悲伤的歌曲慢慢流下了眼泪；登上了山顶看着远处的风景，感到一种敬畏；看卓别林的喜剧，笑出了声。

我们之所以会有如此多的体验，是因为情绪带给我们的审美感。我们在认知和情绪阈值的作用下，会对不同的事物产生不同的情绪体验。这造就了非常多的主观体验，所以很多人在艺术欣赏方面会有千差万别的看法。

当我们看到美的事物时，很容易感到愉悦，情绪就驱使我们追求美好事物。当我们看到不美、不喜欢的事物时，情绪就会驱使我们远离。这种审美的差别，让我们追求不同的人和物，让我们赋予不同的人和物特殊的意义。对事物审美感的汇聚，成为我们判断世界的一种方式，也就是世界观。这是情绪带给我们的另一种理性。

这些都是情绪的重要功能，并且一直都发挥着重要作用。在人类步入文明时代的同时，文化演化取代了自然演化。情绪是一种适应自然环境的本能，但是它并不能很好地适应功能高度分化的社会环境。因此，我们容易产生很多情绪问题。

失控的进步

我们虽然生活在现代社会，但是拥有的却是一副石器时代的大脑。

罗纳德·赖特（Ronald Wright）在其著作《极简进步史》中指出：人类的5000年文明，在人类的总历史250万年中，只占了0.2%。百万年来用于适应自然社会的大脑，在短短5000年发生了巨变。群居生活使我们不得不克制自己的本能，而人类失控的进步让我们的大脑容量再一次不够用。在短短的5000年里，我们所处的环境发生剧变，使得原先具有一定适应性的大脑不得不以激进的方式演变着，但是依旧没能赶上人类的进步。

人类为了更快地适应这种巨变，演化模式发生了改变。不再依靠那套需要成千上万年才会有所改变的自然演替，而是采用了一套新的演替逻辑——文化演替。这种演替依托于文字和语言，让我们的心智和行为模式发生几何级数的改变。

但是，我们依旧有很多不适应的地方：日益严重的慢性疾病、越来越多的心理问题……不难看出，相对于社会进步，我们身心的滞后性是机体对环境不适应的表现。我们进化出来的各种高级技能——情绪调节、本能克制，甚至思考能力，都变得力所难支。

情绪本能系统的作用发挥得不再得心应手，可这并不意味着情绪不再有其重要价值。相反，它依旧在认知和决策中起主导作用。情绪系统作用的发挥依旧是一种理性的发挥，只不过因为社会规则的制约，这种“暗理性”的需求不再那么容易满足。

我们生气时，无法给下个月要还的“蚂蚁花呗”两拳；我们被伤害后感到抑郁时，无法很快离开施加伤害的人；我们还需要接收更多引起焦虑的信息，这些都使各种情绪变成问题，但是这并不意味着情绪就是多余的。

要是一个人认为情绪是多余的，无法理解情绪的意义，那么他很难调节好自己的情绪问题。我看过很多人非常不喜欢自己情绪化的一面，却从来没有思考过这些情绪都是一种驱动力量——驱使自己做出改变。

如何让我们的情绪变得可控，并且更好地适应现代生活，这也是本书所要讨论的话题。

第一章

源头认识：

我们为什么需要情绪？

情绪可以帮助我们趋利避害，告诉我们什么可以接近、什么需要远离。它对我们有非常多的益处。但是在复杂的社会环境中，情绪与群体约束产生了很多冲突，这也是情绪变成“情绪问题”的主要原因。

情绪起源：情绪到底是什么？

我们几乎每天都与情绪打交道，好像每个人都知道它，但是如果我问你："什么是情绪？"我想大多数人都答不上来。因为我们只知道，自己取得好成绩的时候会开心，恋人离开的时候会难过，生活举步维艰的时候会焦虑，有人故意找碴儿的时候会愤怒……

但这些只是情绪的不同表现。如果我们不能很好地理解情绪，也就很难解决情绪带来的困扰。所以，从解决情绪问题的层面上考虑，我们需要对情绪的实质进行了解。

那么，什么是情绪呢？不同流派的心理学家给出了不同的答案。詹姆斯–兰格理论认为，情绪是由环境变化引起自身状态的感觉；约翰·华生（John Broadus Watson）认为情绪是遗传的反应模式；精神分析流派的情绪理论则是以焦虑为核心的一种探讨……

我个人认为，从功能上分析情绪最有利于我们解决日常问题——情绪是我们面对不同环境的生理反应的表现，同时也是趋避行为产生的预备环节。

想象一下，一个人悠闲地走在春天的草丛中，突然看到眼前有一条黑黄相间的蛇。这个时候，他的身体会经历什么呢？他肯定是害怕并且想逃跑。只不过，他的逃跑行为并不能立刻产生，而是要评估是否需要逃跑和经过一定的生理酝酿。这个酝酿的过程，实际上就是产生情绪的过程。

他的眼睛会瞪得更大，让更多的光和信息进入视皮层，鼻翼撑开，让更多的空气进入身体提供能量，体内肾上腺素猛增，让身体抖动起来。这种区别于平常状态的面部表情和身体反应叫作情绪反应。

这个过程中，身体发生了什么变化呢？我们看到了蛇后，大脑中原始的“战或逃”二元系统就会被激活，我们需要更多的信息判断是战还是逃。同时，我们的身体也会做好战或逃的准备，给肢体提供更多的能量。在不同的环境下，我们需要做出不同的应对行为。我们做出不同的行为时，需要不同的生理准备。这种不同的生理准备，对应着我们不同的情绪表现。

当一件事让你开心不已时，你就会做靠近这个事情的生理准备，你会笑、会手舞足蹈；当一件事让你难过时，你就会做远离这件事情的生理准备，你会哭、会沮丧；当你可能失去一些东西时，你就会做挽留这件事情的准备，因此你会烦、会焦虑。

我们的情绪是行为的预备活动，而这种预备活动表现在身体上就是我们的“表情”。情绪在面部的表现，就是面部表情；在肢体上的表现，就是肢体语言。行为的预备阶段，需要表情辅助。比如，我前面说到恐惧时，我们会双眼睁大，鼻翼撑开，这是出于生理准备的需要。这种表情是恐惧带来的，它的功能是让我们适应恐惧的场景，并不是平白无故就有的，肢体动作亦是如此。

当然，情绪最开始的时候可没有这么“高级”，也没有现在这么多“戏”。我们知道，当一只熊追着两个人时，他们不用跑得比熊快，只要比另一个人快就可以了。我们的祖先早就发现了这一秘诀，所以他们在演化过程中利用各种方式让自己尽可能地跑得比他人快一点。这些方式中，包括多呼一口气、多看一眼周围。慢慢地，我们的祖先便积累了这些细微的优势，形成明显区别于脸部基本状态的各种夸张的表情和动作。

同时，我们的这种夸张的表现也开始有了新的功能：别人能够通过我们的表情和动作知道我们所处的状态，并猜测我们的需求和行动。我们可以通过情绪组织自己的行为；我们通过调节自己的情绪，达到不同的状态，获得资源。我们也可以鼓动别人的情绪，实现某些动机。

再进一步地发展，我们的情绪逐渐演变成情感。情感跟情绪一样，也是对外界环境的反应，但是前者更温和、更持久一些。相对于情绪来说，情感所具有的认知成分要多一些，更具有可控性。一般来讲，情绪与本能、欲望的关系更大，它在人类范围内极为相似；情感则更多地受到社会和文化的影响，不同的文化会带给我们不同的情感体验。

当然，情绪的产生比文字所能描述的要精彩得多，也复杂得多。我们从一个单细胞生物变成多细胞生物，再演化出各种组织和器官，形成了复杂而协调的有机体。在这个过程中，类似细胞的需求和功能比较接近，使得具有类似功能和结构的细胞聚在一起，越变越大。这种“规模化作业”让它们在应对环境变化时更有优势。

情绪的产生也是这样一个过程。通过集约和规模化，产生情绪的细胞会聚在一起，更好、更快地协调我们的行为和思想，让我们在适应环境的过程中取得优势，这也是我们需要情绪的原因。

生理限制：情绪产生时，我们的身体发生了什么？

我以前看过《动物世界》里一部关于大象的纪录片，有一幕让我印象特别深刻。一头大象试图强暴一只犀牛，犀牛一百个不愿意，最后在僵持中，犀牛被大象杀死了。大象这种暴躁和攻击性恰恰是因为它体内的睾酮素过高。

事实上，生物的许多行为都是体内各种激素和神经递质相互作用产生的结果，人类也毫不例外。也许这种“神经决定论”的观点，违背了哲学家对自由意志的追求。但不可否定的是，在绝大多数情况下，人类的行为是大脑内部整合各种化学信号和电信号之后的输出结果。

这种结果的呈现结合了人的生物学基础以及部分主观意愿。

就像很多动物的生理结构决定了它们只能用四肢走路，而不能站起来。人的生理结构决定了人只能走或者奔跑，但是不能飞。也就是说，生理结构决定了生物行为的上限，如果想突破这种上限，则需要承受非常大的代价。

实际上，我们的情绪变化也有这种上限。一旦我们的表达突破了这种上限，就会明显感受到身体的不适应。所以，可以看到有人因为开心笑到岔气，有人因为愤怒气晕过去，也有人因为过度抑郁做出了极端的行为。

事实上，对我们身体有坏处的并不是情绪本身，而是表达方式。无论你是选择以极端的方式发泄情绪，还是以隐忍的方式吸收情绪，都容易对身体造成伤害。因为这些表达方式都是极端的，不在情绪表达的合理范围内。

当你选择极端的方式发泄情绪时，你的身体需要承受这种状态下的爆发力。这就像你用非常快的速度向前冲一样，内脏和机体都被调动起来并处于高速运转的状态。但是，这种运转并不能长期维持，一旦超越了承受的极限，你就会累垮。当你选择以隐忍的方式内化吸收情绪时，你会长期处于压抑状态。久而久之，一旦失控，更容易发展为极端的情绪。

所以，在生理结构和条件允许的范围内表达情绪，才是最好的方式。无论是开心、难过，还是愤怒，这些都是与生俱来的本能，自有其存在的价值。我们可以适当控制这种本能，比如，生气时用跑步释放攻击性，但是我们不能完全抑制这种本能，否则很容易遭受反身性伤害。

那么，极端情绪会对我们造成什么伤害呢？

外界向我们传递物理信息和化学信号，这些信息和信号经过处理，最后输出成为我们的情绪和行为。这个处理的过程相当复杂而精密，当这个处理系统出现差错时，我们就容易输出极端情绪。反之，当我们长期输出极端情绪，我们的系统也会由于遭受高负荷工作而崩溃。

如果你处于愤怒的状态，你的交感神经系统就会被激活。能量会被应激反应优先调动到四肢和大脑，导致你没有胃口，而且有很强的破坏欲望。同时，你的心跳加速、呼吸变快，瞳孔也放大。

如果你的愤怒得不到释放，你的交感神经系统就会被持续激活。位于背部的神经由于受不了这种高负荷运转开始慢性发炎，出现肩酸背痛的情况。因为皮质醇的作用，血糖被过度消耗，变得容易晕倒；肌肉和脂肪酸也被消耗，会变得消瘦和疲惫。

长期处于焦虑状态，你会出现与长期处于愤怒状态类似的生理变化。长期处于抑郁状态，你就会丧失欢乐感，意志瘫痪，出现自我嫌弃，甚至自我形象扭曲的现象。生理上，你的“愉悦回路”会受到阻碍，失去对进食、性以及其他事物的兴趣。伴随着血清素的降低，你的情绪变得不稳定，并且有更多的强迫性思维。

可能你会想，最好的状态是不是保持愉悦呢？我觉得还是不要给你留下太多的幻想比较好。虽然愉悦在生理上对我们没有伤害，但是这种状态可能会让你更容易受伤和遭受损失。如果一个人失去其他情绪的帮助，那么他很难识别危险并做出正确的决定。所以，倾家荡产的赌徒往往是非常乐观的人。

美国心理学家芭芭拉·弗雷德里克森（Barbara Fredrickson）在对人的情绪做了一定的统计研究后发现，一个正常人每天的正性情绪应该占所有情绪的75%，负性情绪（恐惧、愤怒、厌恶等）占25%。当你出现负性情绪时，要试着理解这种情绪出现的必要性，而不是过度排斥。因为人的生理状态是一个动态变化的过程，所有的情绪只要在合理的情绪尺度上表达，并不会对人造成伤害。

理解情绪产生的生理学条件是与情绪共舞最重要的一步，也是认识自己的最主要方式。这里附上一个关于情绪特征与行为关系的表格，供大家学习和理解。

附表：常见神经递质/激素与行为的关系

神经递质/激素	部分特点与行为的关系	失调后相关障碍（部分）
乙酰胆碱（ACh）	兴奋类激素；控制骨骼肌；帮助调节注意力、唤起记忆	阿尔茨海默症
去甲肾上腺素（NA/NE）	帮助调节和唤起情绪	抑郁症
多巴胺（DA）	帮助控制随意运动，调节心理预期	帕金森病、精神分裂症、成瘾障碍
血清素（5-羟色胺）	参与调节睡眠与觉醒，攻击性	抑郁症、强迫症、进食障碍
γ-氨基丁酸（GABA）	广泛分布的抑制性神经递质，帮助调节焦虑和睡眠决定状态	焦虑症
谷氨酸	广泛分布的兴奋性神经递质，参与学习和记忆功能	精神分裂症
内啡肽	产生愉悦情绪，缓解疼痛和调节应激，帮助调节进食行为	
皮质醇	分解肌肉、脂肪、血糖等，释放能量；帮助应激反应，调节炎症和血压	过度疲劳、病态消瘦、高血压、炎症反应
神经营养因子	促进神经元生长、发育	神经系统萎缩、应激障碍
睾酮素	促进雄性性征发育、调节性行为；攻击性	过高会引起极端行为、性瘾
催产素	控制子宫收缩，哺育行为；性快感；依恋感	残酷冷血、共情障碍

资料来源：韦恩·韦登（Wayne Weiten）著，高定国译，《心理学导论》，机械工业出版社，2016年。（有删改）

情绪三要素：什么影响着我们的情绪？

达尔文在其著作《人类与动物的感情表达》中写道：“很多动物和小孩，在情绪环境下的表情与成年人是相似的。”生物在情绪的表达上是相似的，那么，生物在产生情绪的过程中是否也具有共性呢？

答案是肯定的。情绪的产生主要与三个要素有关——认知过程、生理状态和刺激因素。这就像红、黄、蓝三种颜色，按照不同的比例调和可以产生不同的色彩，情绪在这三个因素共同作用下，也可以产生不同的情绪过程。

认知过程

心理学家沙赫特和辛格做过一个有关情绪产生的三个要素的实验。他们给被试者注射一种药物，并且告诉被试者这种药物是用来测定对视力的影响的。实际上，他们给被试者注射的是肾上腺素，它会增强交感神经系统的活动，可以引起人们生理上产生较为明显的变化，比如心跳加速、脸部发热等。沙赫特和辛格将被试者分为三组。

第一组：告诉他们注射这种药物会引起心跳加速、脸部发热等反应。

第二组：告诉他们注射这种药物会引起不适反应，如头疼、发痒等。

第三组：不做任何说明。

然后，将每一组被试者平均分为两个小组，并把每组的其中一个小组放进人为制造出来的愉快环境中，把另一小组放进人为制造出来的愤怒环境中。对被试者进行观察后发现：第二组和第三组被试者在愉快的环境中表达出更多的愉快情绪，在愤怒环境中表达出了更多的愤怒情绪；第一组被试者没有明显的愉快或愤怒的情绪体验。

沙赫特和辛格从实验得出的结论是：单纯的生理唤醒无法引起人们的情绪反应。刺激因素（环境等）会对人的情绪产生影响，但最终决定个人情绪体验的，还是认知的过程。当然，这个实验是存在不足的，因为另外一位心理学家阿瑟·阿伦做了一个“吊桥实验”，证明生理唤醒对情绪的产生也有很大影响。

所以，目前心理学的主流也基本接受了这样的观点：情绪的产生与我们的生理唤醒、环境刺激和认知过程有关，并且三者相互影响，其中认知过程占据主导地位。

生理状态

“你可以因为快乐而手舞足蹈，也可以因为手舞足蹈而变得快乐”这句话在一定程度上说明了生理状态对一个人情绪的影响。当我们生理上满足某种情绪的状态时，我们更容易产生这种情绪。我在自己的拙作《反本能》中也强调过，生理唤醒是一种行动的预备状态，可以让这个行动更好地发挥出来。

前面提到的“吊桥实验”说的也是这个现象。实验者将被试者引导到一座摇晃的吊桥上，他们需要从吊桥上走过去，并且在吊桥中间会遇到一个年轻漂亮的女助理。助理会给被试者看几张照片并且要求他们讲述一个简短的故事，之后助理会把自己的联系方式给他们。另一组被试者则被引导至一座稳定的吊桥上，实验过程与前面相同。

这里面唯一的区别是吊桥是否会摇晃，如果是摇晃的吊桥，被试者会产生心跳加速等生理反应。最终的结果是，经过摇晃吊桥的被试者有39%的人向女助理打了电话，而经过稳定吊桥的被试者只有9%，并且经过询问发现，他们打电话的很大原因是认为这位女助理非常有魅力。这里的解释是：从摇晃的吊桥上经过的被试者不自觉地把自己的心跳加速与女助理的魅力关联在了一起，所以有更大比例的男性打电话给这名助理。从这里也可以看出，生理唤醒对我们的认知和情感有较多影响。

看到这个实验的结果，你是不是突然明白了为什么一些男孩子在约会时，喜欢带女孩子去看恐怖片或者是爱情片呢？

刺激因素

“行为倾向什么都不是，它蕴含在环境之中。”这句遗传学的名言实际上也阐述了环境对行为的影响。尤其是对低级生物来说，环境几乎决定了它们所有的行为。

情绪的产生也有环境的刺激作用。当你看到不洁净的事物时，你会很自然地产生厌恶情绪，并且想离它们远一点；当你处在一个很嘈杂的环境中时，你的身体会不自觉地感到不安和烦躁。这些都是非常明显的情绪反应。

另外，环境等刺激因素也会影响我们的认知和行为。非常有名的“破窗理论”也阐述了这一点：当一所房子的其中一扇窗被打破，那么接下来的时间里，房子会被破坏得更加彻底。因为当第一扇窗被打破时，这种环境的线索给了人们一种认知——默认它是可以破坏的，进而更有攻击性，心态上更浮躁些。

相对来说，环境对于情绪的影响比较容易理解，相信大家也有比较多的体会，这里我不再赘述。

生理状态、认知过程和刺激因素这三点是所有情绪产生的要素。在后面的文章中，它们也会被结合到各种实际问题中，帮助我们理解自己的情绪和行为。

致命“四人组”：为什么情绪会变成“情绪问题”？

在我们的生活中，经常被认为有问题的情绪主要有四种——敏感、焦虑、抑郁和愤怒。那么，我们该如何理解这些情绪问题呢？为什么人们会认为它们的出现是不好的呢？

人每时每刻都在做三件事情：感觉、思考以及行动。如果把人比作机器，那么，我们在做的这三件事情就相当于三个过程：信息的输入、加工和输出。

我们通过感觉获得外界各方面的信息，这相当于机器操作的输入过程。我们通过眼睛获得空间和物体信息，通过耳朵获得声音信息，通过皮肤获得压力、温度和触感信息，通过鼻子获得气味信息。这些信息中除了气味信息，其他都属于物理信息。我们的身体还能够识别化学信号和电信号，但我们需要通过信息转化器——丘脑，将物理信息翻译成化学信号，进而被大脑读取和识别。

信息在丘脑的转化是一个较为粗糙的过程。但是，信息到这一步就可以传达到小脑和边缘系统的其他区域，然后对身体进行一定的控制并且输出行为，一般称这种输入为无意识。想获得更为精细的分析，则需要将信息传达到大脑皮层相应的感觉区域。经过精细加工，也就是思考之后，再传达给相应的控制区域，进而产生我们有意识的行为。

上述四种情绪问题也是输入、加工和输出这三个过程的产物。其中，敏感主要出现在输入阶段，焦虑主要出现在加工阶段，愤怒往往是输出阶段带来的，抑郁则是防御行为失败之后的反应。

我们的应激系统就像一个安全部门，当它捕获到危险信号时，就会调动资源应对危险——通过愤怒的行为让对方害怕，以及抵抗各种入侵。当所有的防线都失效后，我们就会陷入抑郁情绪中。（这两段非常重要！希望大家做做笔记！）

敏感是为了捕获更多的信号，焦虑是调动资源的表现，愤怒是一种自我保护的策略，抑郁是我们帮助自己受伤恢复和面对损失的方式。这四种情绪看上去很负面，但实际上都是有益的。然而更多时候，人们并不肯定它们对自身的价值。为什么会出现这样的矛盾呢？

因为这些情绪的爆发对大多数人来说意味着“失控”。当我们陷入这些情绪时，我们的行为更倾向于本能化——短视、自私和猜忌。因为这些本能并不是社会所倡导的，所以别人很容易遭受损失。慢慢地，这些情绪都被贴上了“负面”的标签。当我们出现这些情绪时会感到内疚，而内疚是一种道德情绪，是经过社会化的人才会有的表现。

这种内疚比起前面的四种“负面情绪”更容易带给我们伤害。我们会开始自责，怪自己为什么会因为敏感而错怪别人，批评自己为什么坐立不安也让别人感到烦躁，责备自己为什么生气让别人受到伤害，以及谴责自己为什么不能快点从抑郁中好起来。这些自责带来的伤害可不比别人责怪我们、拒绝我们小。

这些情绪的表达都是我们的本能。我们一生下来，这些印刻在基因中的编码就自发运行了。这种情绪智慧是千万年进化所得，然而也在失控的社会改变中慢慢变得不适应。

当然，这四种情绪在极端情况下也是有害的。那就是，我们身体的内调节是围绕一个基线水平波动的，但是极端情况会让这种正常的波动远远偏离基线水平，很难调节回来。当产生的情绪强度超过身体调节的极限时，我们的健康就很容易受到危害。这种危害是针对每一种情绪的，因为任何情绪一旦走向极端，对身体都会造成伤害。

第二章

敏感：

拿什么拯救你的“玻璃心”？

我们的感觉器官就像一个雷达系统，敏感者的灵敏度更高些。所以，敏感者可以看到很多别人看不到的变化和细节。但是，有的时候敏感者很容易把一些普通信号当作危险信号，让自己陷入不安之中。敏感并不是一个缺点——只要我们懂得如何避免对错误信号的误判。

高敏感天赋：我们为什么更聪明？

我们拿斯滕伯格经常说到的那个故事为引子：

两个人在森林里野营，突然出现了一头熊，其中一个人立刻穿上鞋子，试图逃跑。另一个人则对他说，你就算穿上鞋子，也跑不过熊。穿鞋的人说：“我只要跑得比你快就可以了。”

遇到危险时，反应快的生物才更有可能生存下来。所以，我们可以看到许多动物都有强健的四肢和迅猛的爆发力。但是，反应快并不只局限于跑得快。人类独辟蹊径，通过扩大意识实现了“反应快”这一功能——能更快、更远地发现敌人。

扩大意识可以帮助我们更好地分析和理解这个世界，就像一匹斑马只能发现距离自己50米的狮子，而你能在100米外便知道它潜伏在那儿。虽然人类的爆发力和奔跑速度不及斑马，但是我们能够比斑马更早地发现并且离开危险源。

然而，人类这种经过百万年进化而来的能力在社会进步中出现了故障。我们的爬虫脑只能识别出极为粗略的信号，并且只会做出战或逃的简单反应。但是，社会问题的多元化让这种适应自然但不适应社会的策略失效了。我们总不能对着快到还款期的“蚂蚁花呗”打几拳，也不可能看到坏脾气的同事就想着逃跑。

所以，敏感的本能应该匹配战或逃的策略。但是，我们要面对问题的社会性导致“生存回路”反应失效了。因此，我们会不断地保持着这种“敏感状态”，直到脱离或者消灭了危险源。

另外，社会媒体越来越发达，噪声也越来越多，这就导致了我们信号检测的成本越来越高，通过“敏感”这一策略得到的收益越来越低。

我们可以这样理解：大脑应激系统就像一个雷达系统，能够识别外界的各种信号。当雷达系统识别到一架敌方飞机（危险）时，它就会报警并且发出警告，让我们进行一定的防御工作。可是，我们在捕获外界信号的同时，也经常收集到信号噪声，这种噪声非常容易造成我们过度紧张。

一个反应较为迟钝的人，他在信号检测过程中，出现漏报的次数会多一些。因为他们没有及时识别到危险的信号，因此非常容易遭受“突如其来”的灾难。而敏感的人则不会轻易放过任何信号，但是他们也面临着另一个问题——虚报。为了避免各种危险，他们经常将各种噪声识别为危险信号。

信号检测论

	应激	不应激
危险信号	击中	漏报
背景噪声	虚报	正确否定

社会的发展让敏感者越来越难受，因为他们必须接收更多来自四面八方的信息。一方面，人际关系变得越来越复杂。以前，我们最多能接触到成百上千的人，但是现在我们要面对的群体比以前多了几十倍。另一方面，发达的网络让敏感者更容易接触到各种引起情绪的噪声。

信号变多的同时，噪声也在以几何级数的速度增长。这对于敏感者来说，无疑是一场灾难。那么，在失控的社会进步中，敏感者应该怎么做呢？

资源应对力：为什么你对损失那么敏感?

我记得有一则新闻是说，孩子弄丢了5元钱地铁票，妈妈就动手打了孩子。视频里，这位母亲几乎是一边哭一边打孩子，可以看出她是真的非常在乎这5元钱。对于大多数人来说，丢失5元钱可能是一件无足轻重的事情，毕竟很多人吃顿饭都要花上百元钱。

但是我们几乎不在乎的5元钱，为什么却让这位母亲如此歇斯底里呢？因为她欠缺足够的应对资源。视频的最后也说了，她从事家政服务工作，一个月工资才900元，并且这份工作极不稳定，她又没有丈夫，还要独自承担孩子的日常开销，举债度日。这5元钱对于应对资源匮乏的人来说，就相当于压垮骆驼的最后一根稻草。

实际上，这就是应对资源对我们情绪和反应的影响。如果在一件事情上，人们缺乏足够的应对资源，就会有较重的思想包袱。这种思想包袱会让人们在面对损失或者不利时，产生更多的愤怒或者害怕情绪。

“贫贱夫妻百事哀”，之所以有这种说法，本质上也是因为“贫贱”意味着缺乏更多的生活应对资源。当夫妻二人要面对各种经济问题或是人际问题时，他们没办法拿出足够的应对资源进行解决，这些没能解决的事情就成了他们的烦恼。在麻烦的积累过程中，夫妻双方往往更容易爆发冲突。

我在广州的四年时间里经常挤公交车上下学，我所在的地方有两路公交车可以到达教学区，学生非常多，班次却很少。如果第一辆公交车我们没能挤上去，通常会比较耐心地等待第二辆公交车。当第二辆公交车来的时候，我们可就不像刚才那么“礼貌”和“谦让”了，基本都是使出吃奶的力气挤上去。挤不上去的人经常会发出不满的声音。

如果说资源在配置上基本满足学生的需求，我想很多人就不会那么“没礼貌”了。如果下一班公交车是五分钟后到达，而不是半小时后，那么我们就不会因为挤不上公交而显得那么计较和生气了。但是，我们缺乏足够应对迟到的资源，所以只能去争抢，还会因为自己的失败而感到愤怒和不满。

如果一个人一直生活在缺乏应对资源的环境中，那么他就会因此慢慢地培养出容易计较的性格，并且经常愤怒或者感到害怕。他们更容易认为自己遭受不公平的待遇，并且也更害怕失去。

拉扎勒斯和弗克曼认为，人们对某件事情产生应激需要经过两次评估，分别为初评估和再评估。初评估指判断某件事是否与自身有关。当你觉得某件事与自己无关时，你就不容易对这件事情产生应激反应。如果某件事与自己有关，你就会进行再评估，评估自身的资源能否应对这一事件。当应对资源足以解决问题时，你不容易产生应激反应。一旦事情的解决资源超过了我们所拥有的应对资源时，我们就会产生应激反应。

当然，我们并不能客观地评估应激事件和自身的应对资源。尤其是缺乏安全感的人，他们会夸大应激事件的严重性和低估自己的应对资源。缺乏安全感的人之所以会表现得更不安、更无理取闹，是因为他们一直担心自己的应对资源不足，无法很好地面对损失和不利。

当事人立场：道理我们都懂，为什么还有很多烦恼？

如果你认真思考就会发现一个特别有趣的现象。当我们身边有人遭遇困难时，我们总是能循循善诱分析利弊，晓之以理动之以情地安慰他们，试图让他们情绪好一些。但是，当不幸的事情发生在自己身上时，我们之前懂得的所有道理突然显得苍白无力，有的时候还需要其他人来安慰我们。

那么，为什么会出现这种现象呢？很大一部分原因是这件事情与我们的立场有关。我在前面也引用了拉扎勒斯和弗克曼的评估理论，决定人们对某件事应激的一个因素是相关度。在这里，我们可以将事件与我们的关系划出两个立场：一个是当事人立场，另一个是旁观者立场。

实际上，这两种立场会导致我们产生不同的大脑反应。我们处于旁观者立场时，看待问题的方式是理性思维。我们经常说“当局者迷，旁观者清”，实际上也是这个道理。当我们站在旁观者的角度看待问题时，我们运用得更多的是前额皮层这一理性系统，进而更全面地分析问题。

一旦我们站在当事人立场，应激系统就会被唤醒，这个时候人们的行为遵循“暗理性”思维，用原始的本能对待。我们更容易情绪化，并且更短视和更以自我为中心，我们所知道的一切道理在本能面前都不管用。

高中时，我的同学曾经和我分享一个关于他在公交车站遭遇盗窃的事情。那天，他还是和往常一样乘坐公交车出行。在公交车来的时候，他把手机放到裤袋里，然后拿着公交卡等待上车。就在这时，他的余光扫到有人试图把手伸进自己的裤袋，他下意识地用手去挡了一下。那个人发觉自己被发现了以后，立刻东张西望，接着退出上车的人群走开了。可想而知，这个人应该是个试图趁大家上车浑水摸鱼的小偷。

当同学告诉我这件事情时，从他的表情可以知道，他还是心有余悸的。然而，我听完却不自觉地吐出一句话：“你当时怎么不抓住他呢？”我当时没有安慰他，也没有和他说小偷真可恶，反而带有一些指责的口吻质问怎么就这么算了。

直到有一天，同样的事情发生在我的身上。我回头看到小偷面孔的那一瞬间，冒出来的反应是“完了完了，我看到他的脸了，他肯定不会放过我”，然后大脑有那么一瞬间是空白的，呼吸急促，四肢颤抖。回想起来，那个时候我只是个文弱的高中生，遇到这种事情害怕也正常。

经历这件事情之后，我就理解了为什么我的高中同学丝毫没有抓住小偷的想法。我也明白了当事人立场和旁观者立场存在的巨大差异。这种差异更像是“说”和“做”两者的区别。

心理学家威廉·詹姆斯在《宗教经验种种》一书中说道：“本能总是第一位，而智力永远是第二位。”道理我们都懂，但仍然过不好这一生。因为道理都懂的时候，我们一直是以旁观者的立场进行理解，但是有些事情必须是我们亲身体会和经历过才能够真正明白。本能总是轻易地战胜我们的理性，让我们做出很愚蠢却很符合人性的选择。

黑格尔曾经戏谑道：“人类从历史中所得到的教训就是，人类从来不记取历史教训。”历史总是惊人地相似，重蹈覆辙是因为人们总是遵循相似的人性。当我得知同学差点被偷，我知道怎么做更好，但是当事情发生在我身上时，我并没有因此做得更好。

如果一个人自我意识太强，就很容易陷入敏感和焦虑的情绪中。当他听到别人在身边嬉笑时，就会认为是在笑话自己，并且会非常在意。尤其是网上经常有一些负面言论，尽管没有针对性，但他们因为过于敏感，会认为那些言论就是在说自己，并因此感到不满。

这些不必要的烦恼都是由我们的立场知觉导致的，一旦我们站在当事人立场，就会对那些言论和他人的行为更加敏感。这种想法会让我们承受更多不必要的评价压力。

低权力感：为什么你总是害怕别人的评价？

没有无缘无故的敏感。一个人到底为什么会变得敏感呢？

敏感是一种人格特质，它存在的一个主要原因是遗传所得，这种特质是我们千万年进化所得。一个人再笨，他体内都有百万年先人的生存智慧。敏感便是这种生存智慧之一。

敏感是一种意识扩大的表现，它可以让一个人捕获到更多外界事物的信号，并且反应得更快。这就像我在打游戏时，我母亲喊我吃饭，但是我说打完这一局。过了一会儿，我母亲大喊我全名，我根据叫喊中多了个“姓”，快速判断出我必须立刻去吃饭。这就是敏感带给我们的好处——捕获细节差异。

除了先天因素，敏感也可能是后天形成的。我曾经在一个关于性格培养的讲座中列举过不同关爱程度对主要性格形成的影响。自卑性格的形成，很大程度是自身的低自尊，以及关爱匮乏导致。

不同关爱程度与性格的关系

关爱程度 \ 性格倾向 \ 权力感	高	低
匮乏	攻击性强	自卑
一般	独立	温和
溺爱	多抱怨、自私	脆弱

虽然父母并不会讨厌我们，可能是因为工作繁忙，或者家里有太多孩子，父母对每一个孩子的爱过于匮乏。孩子为了得到父母更多的关注，早早学会了察言观色，培养起自己敏锐的洞察力。

慢慢地，这种思维和习惯就成了一个人处事的优先级。你每时每刻都在“察言观色”，过度地考虑别人的感受，害怕和别人发生冲突。即使相处的对象不是父母，你也总是想从眼神和言语中揣测出他们的心情，希望得到别人的关爱。

我经常把人的一生比作流淌的河流。基因决定了河流的大致流向，童年的际遇对我们的影响可能只是1度角的流向改变，但是随着时间的积累，我们会越来越偏离本来的流向。要想改变、渴望回到“正轨”，就需要付出巨大的努力。

除了关爱匮乏造成的自卑会让一个人变得敏感，一直生活在危险环境中也会导致敏感。

有一次，我经过图书馆的时候看到两条狗，看样子挺干净可爱的，可是却在垃圾桶旁边觅食。我恰好书包里有几包盐焗小鸡腿，就拿出来扔了过去。本来想乘着它们吃东西的时候去摸一下。

其中一条狗看到我接近，摇头晃脑地往后连退了几步，并且吠了几声，看样子应该是舍不得食物又害怕我靠近。另一条狗则友善些，继续吃它的鸡腿，貌似对我这生人不以为意。吃完后还对着我嗅了一会儿，好像在问：“还有没有？”

可以想到第一条敏感的狗可能生活在危险的环境中，像是被人欺负过而对人产生了恐惧。这种敏感的想法让生物具有适应性，避免了下一次遇到相似环境时受伤。如果我确实是坏人或者有恶意，那条对人更有信赖感的小狗就遭殃了，而敏感的小狗最多只是少吃一点食物。

同样，如果一个人一直生活在较为危险的环境中，也容易变得敏感。想象一下，如果你处于一个比较暴力的环境中，当你犯错时会遭到毒打，你自然就更容易变得小心翼翼。你必须从父母的眼神中解读他们的心情如何；你害怕走路大声吵醒他们；你把所有的精力都放在如何避免挨打上。

越是在危险的环境中，敏感的特质越能帮助你生存。但是，你也必须处于“高耗能模式”，就像系统过热还需要继续工作，你也会因此失去其他方面发展的机会……

敏感者自救：让自己变聪明是最好的解决办法

痛苦的回忆就像一条没有尽头的路，你一直走下去也不可能找到自己想要的，只会疲惫不堪。过往的一切已经培养起了我们敏感的特质，但是我们不应该把眼光拘囿在那些痛苦之中，而是应该将精力放在如何让自己变得有力量！那么，怎样才能改变敏感的特质呢？

敏感的好处在于你可以比别人更为细致地发现环境中各种信息并做出区分，你能发现邻居家的狗多看了你一眼；你能从别人一个眼神中看到他的悲伤；你能避免把狮子看成石头而来不及逃跑。

敏感的特质可以让我们避免很多陷阱，但是它也有一些坏处，就是我们必须为此付出更多的心力和能量。通过对敏感特质人群的特性分析发现，敏感的人体内的皮质醇水平比普通人高得多。高皮质醇可以帮助敏感者产生更多的能量，以应对来自四面八方的信息，他们对这些信息的加工也比常人精细得多。

我不觉得敏感是负面的，相反，这种特质能帮助我们发现别人看不到的精彩，让我们更有创造力和想象力。但有些时候，它的确会给我们带来一些不方便。所以，比起排斥自己的敏感，我觉得协调好这些不方便更有意义。那么，我们可以怎么做呢？

变聪明

我在前面举例说到，敏感特质就像一个比其他人更灵敏的雷达，它可以帮助我们发现危险信号，但是也很容易将噪声信号识别为危险，让我们陷入过度应激和报警，以至于自我怀疑和责备。

所以，如果你变得足够聪明，这些问题就可以很好地避免。因为敏感这种特质是先天所得，是一种“出厂设置”，你很难改变这种属性。你非常敏感，但是通过变聪明，你可以控制住很多不必要的应激和报警。至少你不会因为邻居家的狗多看你一眼，就紧张不安和胡思乱想；也不会因为恋人迟了几分钟回复你，就觉得他不爱你了；更不会把芝麻般的小事想象成世界末日。

让自己变聪明就像升级自己的信号雷达，不再是粗略地划分敌我，而是能够识别出是客机还是战斗机。这种认知的升级是我们开发自己敏感特质的最好办法。

敏感也是聪明人的配置之一，正是这种对细节的洞察力造就了“聪明人”。但是这种敏感带来的聪明是本能的聪明，是一种不放过任何尝试的聪明。这种模式非常消耗能量，但是我们通过升级认知，通过不断学习和积累经验，可以形成一种“不费劲的聪明”。

学会维护“雷达”

“雷达”的运行是一个耗损的过程。因为基因的印刻，我们很难降低自己的敏感性不去识别各种信号，但是如果线路没有经过足够的维护和更新，这个“雷达”就会老化，错误率会越来越高。所以，我们必须不断加大投入精力，维护的成本越来越高。

如果不想让自己维护的成本越来越高，我们就需要运用各种“电工学”知识维护这个系统。其中，冥想是一个非常好的办法。

一项对生理指标的检测发现，每天冥想20分钟，持续一个月，人们的皮质醇水平会有显著降低。这意味着自身压力的降低，敏感性也因此会有适度的减弱。毕竟压力太大时，我们可不敢错过任何可疑信息。

冥想是一种对敏感系统的维护方式。通过放空和停止信号输入，我们的应激系统可以得到缓冲，在这个过程中清理压力因子。当重新开启时，“系统缓存”也被清理，大脑系统的运行不会变得卡顿，避免了错误应激，进而提高了正确率。

实际上，冥想也是一种非常有效的运动。很多敏感者身体素质都偏差，导致他们更不敢放过应激信号，也就更容易对别人的行为产生误解。这就像笔记本电脑因为电量不足，导致系统运行效率低，性能受到限制。我们通过锻炼身体，可以恢复这套系统正常运行。

敏感是聪明的表现，这是我们的出厂配置。虽然这种设置比较耗能，但是我们能看见更缤纷的世界，看见别人看不见的一面，比别人更为深刻地理解事物。所以，试着接纳自己的敏感，而不是抵触和害怕。

在保持敏感特性的同时，让自己变聪明是一件非常有必要的事情，可以让你降低虚报率和提高击中率。另外，保持身体健康，让应激系统正常运行。

第三章

焦虑：

怎么才能和压力做朋友?

焦虑就像一个安全部门，会将我们遇到的问题划分为不同的等级。如果遇到的问题比较好处理，我们就不会那么焦虑；如果我们遇到一个棘手的问题，就会把它列为高级威胁，进而投入更多的注意力和精力，以便解决这些问题。只要我们把它控制在合理的范围内，它对我们的益处非常明显。

无聊感：你想要毫无压力的生活吗？

我看过一个关于鲸头鹳的视频。这是一种喙有一只鞋子那么大，甚至可以捕杀小型鳄鱼的鹳类动物。然而在视频中，我看到的是鲸头鹳从桶里叼起一条小鱼试图吞下去，但是在调整吃鱼的动作时，鱼一次又一次地掉到了地上。

鲸头鹳可以说是站在食物链非常高的位置的动物，其智力和捕食能力毋庸置疑。然而，为什么在视频中的鲸头鹳好像有些“蠢萌”呢？

一个很大的原因在于它们太无聊了。它们在饲养员的精心照料下吃喝不愁，食物和水都是送到嘴边的，并且缺乏伙伴和它们沟通交流。久而久之，它们便产生了一些比较怪诞的行为，比如啃摄像机、吃饲养员拔下来的草。

这实际上是一种“病理性”的无聊。费尼谢尔在（Otto Fenichel）《神经症的精神分析理论》中也有过相关研究作为例证。一只动物被锁起来，一开始会产生简单的无聊，比如吃饱了睡、睡饱了发呆，或者踱步思考“兽生”。但是，随着孤独的时间越来越长，它就会陷入一种较为癫狂的状态，比如咬铁栏杆、咬自己的四肢或者拔自己的羽毛。

无聊感带给生物的痛苦是明显的，动物等级越高，煎熬感就越大。很多电影里都有这样的桥段——如果要惩罚某个不安分的人，就会把他关进小黑屋。那么，这种办法对这些人是不是一种惩罚呢？很大程度上，关小黑屋是一种有效的惩罚方式。

心理学上做过一个比较极端的实验——感觉剥夺实验，你可以把这个实验理解为“关小黑屋”。实验者将被试者与外界环境进行阻隔，让他们无法接触任何外界的光信息、触觉、听觉和视觉信息。绝大部分被试者在两三天后选择了退出实验。这些被试者都产生了明显的认知问题，一些被试者会产生比较严重的幻觉，并且出现沮丧、厌烦和发怒等情绪。

当然，这些是比较极端的情况，我们继续讨论人们生活中的无聊感。我曾经在知乎上看到一个问题：“为什么上班都是坐着，还是感到疲惫不堪？”因为我们感到无聊，这种无聊是我们不喜欢这些工作的一种“温和的表现形式”。也就是说，我们做一件事情会觉得无聊，很大程度上是因为它在我们心里优先级不够高，甚至被我们排斥，不愿意继续投入。

人类科技的进步解放了我们的双手和大脑，我们也因此有了更多闲暇时间。为了更好地避免无聊感，我们发明了越来越多的娱乐项目。一开始是讲故事和舞蹈，后来是各种博弈游戏，再后来是各式各样基于科技的游戏和游乐场。正是这些娱乐项目，让我们避免了很多情绪问题。

我在前面说过，每一种情绪都是行为的驱动，无聊则驱动我们去做更多享受的事情。回想一下自己的行为，我们无所事事的时候，大多数人的选择是玩游戏、浏览各种应用信息。如果明天不上班，大多数人肯定不会很早睡觉；如果不是因为有一场快要到来的期末考试，很多人可能会选择多打几局游戏。

心流通道

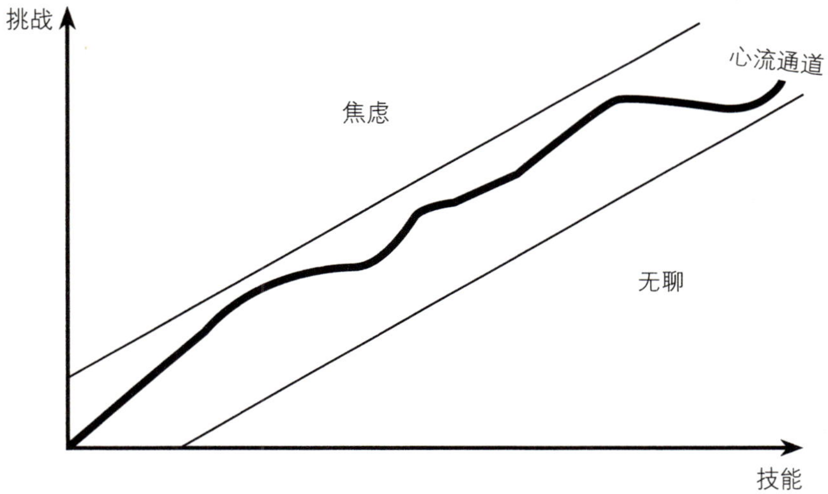

资料来源：米哈里·契克森米哈赖（Mihaly Csikszentmihalyi）著，《心流》，中信出版社，2017。

心理学家米哈里调侃说：“人们总是在无聊和焦虑中徘徊。”你很容易因为想要逃避焦虑而陷入无聊之中，这反而并不利于一个人的成长。成长势必有压力的陪伴，如果没有一定的压力和焦虑，你将如何释放自己的精力和智力？所以，不要害怕焦虑情绪，也不要想着逃避它，因为那不现实，它无处不在。

罗曼·罗兰说过：“世界上只有一种英雄主义，那就是看清生活的真相之后，依然热爱它。”焦虑会一直存在于我们的日常之中，比起逃避，想办法解决它，我们才会活得更勇敢和自在。

焦虑分子：为什么越焦虑，越努力？

大学的时候，我参加过四个演讲类的比赛，其中三次拿过奖，而没拿奖的那次，首轮筛选赛时我就被淘汰了。那是一次非常好玩的经历，我和大家分享一下。

在参加那次演讲比赛之前，我因为已经拿了两个演讲类的奖项，而且都是一等奖，所以有些飘飘然。这个演讲比赛的准备时间是一个月，但是我自认为经验丰富，所以觉得这种比赛有一周准备时间就绰绰有余。因此，对比赛自然不是很上心，准备工作也是一拖再拖。等到最后一周我打算开始准备时，我的老师说下周要派我们去生产实习，不去的话没有实践学分。

这无疑是一个暴击。因为前期我没有认真准备过这个比赛，而接下来的时间又需要天天实习。后来，我只准备了一个来不及修改的样稿，硬着头皮上场。我讲到一半，老师举手示意“可以下去了”……

我在前面说过，情绪的本质是一种驱动行为的信号和准备，焦虑也是如此。它驱动我们应对环境中的模糊性，避免出现损失和失去。当我们感知到环境中的不确定因素时，我们的焦虑情绪就会被唤醒。

我对演讲比赛的不上心，是因为我过于肯定自己先前的表现，我对结果的预测是“我一定可以拿奖”，进而认为其中没有模糊性。因为我的“淡定”，我无法提供给自己足够的行动指示，缺乏做充分准备工作的驱动力。

我在前面做过比喻，敏感的特质就像是我们的雷达系统，能够帮助我们监测和识别各种信号，判断是否有危险。焦虑是感知危险之后，我们调动资源应对这些被监测到的危险而产生的情绪。我们遇到很多事情都会产生焦虑，这种焦虑被称为“现实焦虑”。它是一种行为的驱动力，让我们调动更多资源面对当前的困难。

焦虑水平取决于两个要素，一个是“危险”的程度高低，一个是个人能够调动的应激资源。比如，我在第一次演讲时非常害怕，因为我缺乏足够的经验而认为演讲是非常困难的事情，所以我铆足了劲儿准备演讲稿和PPT。但是当我拿了两次奖之后，对演讲的“危险”评估降了级别，所以也就懈怠了。

有敏感特质的人也经常伴随着高度焦虑。因为他们总是出现信号识别错误，导致身体不断地调动应激资源，在消耗的过程中慢慢力不从心。假设我们的应激资源可以应对50架“敌机”，当我们发现“敌机”只有一架，并且可以轻易击落时，就不容易感到焦虑。当面临100架“敌机”时，我们就会害怕自己能否应对这个危机。

然而，我们遇到的大多数危险都是不能被量化的，这种模糊性导致我们在遇到不确定环境时，很难评估应该调动多少资源。在这种情况下，我们优先产生焦虑情绪，尽可能多地调动资源。

一旦我们体验过某件事情后，就会对它进行重新评级。我们不再像以前一样来了一架“敌机”，就把防空炮全部打开。拿我的演讲经历来说，一开始是缺乏经验导致过度评级，所以我产生了焦虑情绪。后来习惯了这种经验，进而不投入任何应激资源，就导致了我后来的失败。最后，在多次体验后，我基本能够对演讲这种“威胁”做出较为准确的评估。

焦虑会让我们试着把精力和资源放在担忧的事物上，这种情绪在正常范围内是有益的。但是，大多数人并不喜欢焦虑，认为这种情绪会影响自己的发挥，让自己心神不宁。

事实上，焦虑确实会带来一些问题。长期处于焦虑的人，其体内会释放更多的皮质醇，这种压力激素可以帮助人们更好地应激，但是也会削弱一些面对环境危险不紧要的功能，例如进食、排便和免疫功能，进而导致他们没有胃口，也更容易生病。

除此之外，皮质醇作为一种应激激素具有兴奋性质，它对抑制性递质和激素有拮抗作用。皮质醇水平的提高会削弱抑制性递质和激素的作用，进而表现出更多的焦躁难耐和难以平静。

焦虑在我们思考中也会占用思维带宽，让我们对其他事情的思考更缺乏耐心。这是我们认知资源的有限性所决定的。

但是我们必须明白，出现这些问题并不是焦虑带来的，它只是呈现“问题还未解决”的信号。如果我们能够更好地解决问题，焦虑程度自然而然会降低。因此，不要对焦虑有过多负面的看法。当它出现的时候，我们可以把眼光放在它出现的原因上，把注意力聚焦于解决问题，而不是思考如何才能够让心情平静下来。

如果我们深入思考可以发现，我们的不满更多时候并不是因为情绪本身，而是我们控制不住负面情绪，进而产生失控感和无能感。这种灾难性思维往往是焦虑等负性情绪成为“心魔”的主要原因。当我们出现各种负面情绪时，大多数人会逃避、抱怨，然后陷入深深自责。这种思维像我们小时候自己撞到椅子，不是想着下次小心点，也不是想着止疼，而是想着自己怎么那么脆弱、那么可怜，连椅子都欺负自己。

当然，这都是一般焦虑带给我们的意义。如果长期处于焦虑中，大脑的评估能力受到损伤，我们就无法正确知悉环境中的不确定性因素，进而产生广泛性焦虑。这种焦虑带来的问题相对来说偏向病理性，可以通过合理的精神科治疗解决。

总之，所有的情绪在合理的范围内有利于我们的生存，有的激发我们的斗志，有的驱使我们逃避危险，焦虑则是促使我们更加努力和应对环境中潜在的变化。所以，当焦虑产生时，我们更要理解这种情绪背后的信息。它要告诉我们的是：我们还需要努力，我们要小心了……

同时性错觉：为什么焦虑总为你的表现不佳“背锅”？

焦虑本该是帮助我们更好地适应环境的一种本能，但是为什么那么多人排斥它呢？答案依旧在于“失控的进步”。我们太多次的发挥失常不再是简单而机械的应激——战斗或者逃跑，而是需要我们进行极为精细和具体的思考。

我们当前所处的社会，更多时候并不需要我们战斗或者逃跑，而是需要我们思考。

神经学家约瑟夫·勒杜（Joseph E LeDoux）在研究情绪时发现，动物在信息传导上有两条通路，一条是“低通路”，另一条是“高通路”。低通路的传播速度比高通路快，但是更模糊。

然而，焦虑作为一种优先级情绪，当它发生时，大脑的低通路信息渠道会被打开，而高通路信息渠道则会被阻断。低通路是本能反应的回路，它的加工绕过了很多大脑组织，直接作用于边缘系统和小脑，促使其行动。高通路则需要在大脑各个感觉区里加工，形成精准的信息，比低通路更耗时、更复杂。

当我们感到非常焦虑时，很容易语无伦次，这是因为我们大脑布洛卡区（语言运动中枢）的加工受到阻碍。这时，你可能需要高超的语言能力帮助你完成演讲。正是这种一次次的失常发挥，让我们否定焦虑对我们的帮助意义。

焦虑对我们的正面影响并没有负面影响反应那么快，所以也经常被人忽视。但是它在很多情况下对我们有非常多的促进作用。心理学家耶基斯和多德森做了一项关于焦虑与发挥水平之间的关联实验。得出的结论是：一般情况下，焦虑水平与工作效率呈正相关，但是超过某个界限后，焦虑水平越高，发挥水平则越低。

耶基斯–多德森定律

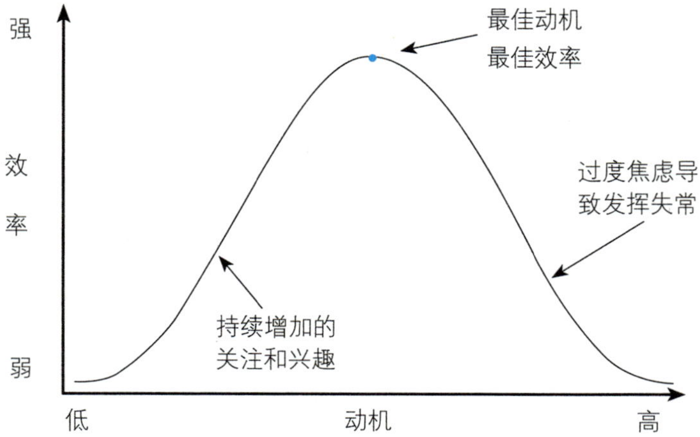

处于中低水平的焦虑，并不会引起我们强烈的情绪感受，因此也很难在大脑的海马体中留下较为清晰的痕迹。这种差异进一步加大了我们“焦虑百害而无一利”的信念。实际上，对人有负面影响的，依旧是过度焦虑——超过生理限制的焦虑反应。

精神科医生凯利·布罗根在《抑郁药不要》一书中提到，过度焦虑的产生主要有三个原因：炎症、处方药的副作用和社会影响。我们可以根据这些原因，寻找一些相应的对策。

一方面，产生炎症的原因可能是压力。压力会引起炎症，这是一种基因机制。当我们面对压力时，我们的炎症基因会被激活。很多在压力中生活的人经常会有胃溃疡等疾病，原因也在于此。这种反应随着时间的积累转变为慢性炎症，所以你会感到身体多个部位的神经疼痛。

另一方面，不当的饮食也是引起炎症的重要原因。发达的食品产业催生了各种高营养食品，可我们的身体对高糖和高蛋白的食物适应得并不好。很多研究证明，吃高糖和高蛋白食物会使人产生炎症反应，比如，吃高血糖指数的食物或者牛奶会长痘痘。

以上两种情况会促使炎症反应，而这也会促使皮质醇水平的提高，进而产生焦虑情绪。皮质醇的受体会有一定的消炎功能。只要在合理范围内，这样的问题就会得到解决。过高的皮质醇水平会导致我们需要长期调和炎症反应。

此外，处方药的副作用主要是治疗心理疾病的药物引起的，比如苯二氮类药物会引起焦虑的反弹和加重。很多治疗焦虑以及抑郁的药物都非常容易引起反弹，并且很容易加重病情。但是，美国有些生物医药公司特别热衷强调这些药物的正面效用而忽视其负面效用。

社会影响主要是过度宣传焦虑。当人们出现焦虑时，就会过于抵触这种情绪，导致它变成挥之不去的阴影。这就像叫你“不要去想白狗”，你的大脑反而会被白狗占据。

产生焦虑的一大因素是皮质醇水平过高，要想降低焦虑水平，我们可以通过哪些方法实现呢？下面的内容会给你想要的答案。

认知行为技术：如何调节自己的焦虑？

很多时候，焦虑可以帮助我们调动能量，但是很多人并不懂得如何运用这种情绪。那么，怎样才能让这种情绪在驱动我们努力的同时，避免它的负面作用呢？

我在前面说到影响情绪变化有三个因素：生理状态、认知过程和刺激因素（环境），所以我们根据这三个因素思考如何解决过度焦虑。

生理状态：运动是第一良药

如果从生理唤醒的角度考虑，焦虑产生的原因是皮质醇水平过高，以及复合胺水平变低。这些内在的生理荷尔蒙并不会很快消失，其恢复到基线水平需要比较长的一段时间。

其间，因为皮质醇升高，提供了比平时更多的能量，所以人们的精力更为旺盛，思维更活跃。伴随着焦虑状态，过剩的能量让人们倾向于走来走去，甚至自言自语。毕竟在自然状态下，人们本该在皮质醇的帮助下战斗或者逃跑，但是文化演替替代了自然演替，人们缺乏释放这种动力的渠道，因此只能任其在体内不断地打转。

当我们意识到危险之后，我们的“暗理性”系统为了让我们把更多的注意力放在危险上，调低了我们的复合胺水平，让我们的意识被危险源占据，这种方式可以让我们不容易因为分神而丧命。

运动在对焦虑情绪的调节上有非常大的作用，这也被足够多的证据所证明。运动可以帮助我们在生理上更快地恢复到基线水平。这个过程可以释放我们过剩的能量，消耗体内过多的皮质醇。运动的方式也是一种对“暗理性”系统的欺骗，告诉它你在战斗或者逃跑。所以，想要调节过度焦虑，让自己动起来比单纯地思考有用得多。

认知过程：不让稀缺资源占用太多认知带宽

影响我们认知的一个重要因素是资源。当我们资源匮乏时，我们会感到紧张、担心失去。很多时候，产生焦虑的原因是我们的资源不够。因此，想要在认知上改变自己的焦虑倾向，那么，让实力说话更好些。

我第一次演讲的时候也非常焦虑，随着经验的增加，偶尔还是会感到焦虑。但是我发现，我的焦虑水平和我对稿子的熟悉程度有关。当我因为忙其他事没有认真背稿子时，我会不安，担心讲不好。但是，只要我反复过了几次稿子的内容，就不会有那种引起不舒服的焦虑感。

除此之外，还有很多焦虑和缺乏安全感有关。比如在恋爱中，有人总是担心自己不够好、恋人会舍弃自己。这种不安全感更多的是因为担心自己的能力和表现不足以维系与恋人的关系。这种匮乏同样也可以让自己变得更优秀，当你认为自己足够优秀了，这种担心就不会那么强烈。

刺激因素：像灭火一样解决问题

前面讲到了生理和认知对焦虑的影响，还有一个刺激因素（环境）也可以调节焦虑情绪。焦虑的意义在于调动资源以解决问题。如果问题一直没办法得到解决，那么我们很容易从焦虑状态转入抑郁状态。解决问题的本质是改变产生焦虑的环境。当你在考试中感到焦虑时，需要明白这种焦虑会驱动你努力解决问题。这种焦虑伴随考试过后（问题解决）逐渐降低，但是也有些令人焦虑的事情并不容易过去。

再比如前面举的例子，我们会因为不安全感，总是担心自己的恋人会离开自己。这时，我们就会想让对方用各种表现证明对自己的爱。当恋人满足我们时，我们的焦虑得到短暂缓解。一旦我们得不到对方的反馈，就会产生更强烈的自我怀疑。但是，这种"让恋人证明爱"的方式只能暂时解决问题，如果想更好地解决问题，则需要改变这种不安的环境。比如，一起讨论这种不安全感的来源，让另一半知道你的情况，或者让对方更关注你在意的表现。

以上是从生理状态、认知过程和刺激因素的改变调节焦虑情绪的策略。当然，这些策略也需要足够多的训练，才能够更好地发挥其威力。

暗理性

第四章

愤怒：

如何不失控地解决问题?

当我们感知到利益或者潜在利益受到“侵犯”时，我们会产生不满。如果这种“侵犯”用温和的方式无法制止，我们就会感到愤怒。愤怒可以帮助我们维护利益，只不过也有一定的副作用。愤怒是一种本能，但是如何表达愤怒是一种本事。比起隐忍不发，我们更应该学会适当地表达自己的愤怒来捍卫自己的权益。

“战斗”驱动：为什么你会感到愤怒？

如果有个人在你身边不停地唠叨某一件事情，你就会告诉他：“我知道了，我不想听了。”可是，他还是讲个不停，你依旧用温和的口吻叫他停止，而他还是自顾自地讲着，你很可能就会产生愤怒。然后，对方可能会说你“毫无风趣”，但是大部分人还是会让对方停止滔滔不绝的废话。

电影《愤怒的小鸟》中经常出现的一句话是“愤怒是解决不了问题的”。但事实上，愤怒是一种有效解决问题的策略，只不过我们需要承担这个办法的“副作用”。那么，我们的愤怒可以帮助我们解决什么问题，以及我们需要承担哪些“副作用”呢？

我们之所以会愤怒，是因为我们的利益受到了损害，或者我们预期的利益可能受到了损害。你周末好不容易可以多睡一个小时，你的父母却想让你起床学习功课，或者舍友一大清早放音乐，你就会很恼火。你先是告诉他们你的需求，但是你温和的表述并没有奏效，于是你只能以愤怒表达你的不满。这个时候，你的愤怒变成了一种信号，对方收到这个信号后知道“接下来可能大事不妙”，于是收敛了一些。

或者是，当你看到别人插队时也会感到愤怒，虽然他并没有侵犯到你的利益，可你还是非常生气。这种愤怒主要是破坏了预期规则，导致你预期的利益受到损害。因为你排队的时候也可能遇到这种情况，你试图保护规则不被破坏，进而确保自己预期的利益不受损害。

抑或是你参加了一个比赛得了第二名，你对第一名非常不满。这种不满是因为你预期的利益——第一名被别人夺走了。人的竞争性促使了我们对资源的渴望，当身边的人得到了我们得不到的资源时，我们很容易产生嫉妒和愤怒。当然，这也是可以理解的，毕竟嫉妒可以促使你去争取更多资源。

愤怒的情绪除了可以让你争取更多资源，还可以维护当前的或潜在的利益。但是这种情绪也有很强的副作用。如果说一味的忍让会让你失去尊重，那么过多地表达愤怒很容易让你失去朋友。我们一旦愤怒，便意味着与周围环境的竞争关系得到强化，这会促使别人的反击。如果处理不好，就会使双方陷入“权力之争”——为了赢对方而愤怒，忘记最初的目的。

如果你不表达自己的愤怒，他人则很难知道你的底线在哪里，别人也不容易知道自己错在哪里，你的利益会被不断地损害。所以，隐藏愤怒并不是一个很好的选择。

因此，学会如何表达愤怒是一件非常重要的事情。如果说愤怒是一种本能，那么学会如何表达愤怒就是一种本事。这不仅可以让你达到想要的目的，而且也可以避免愤怒带来的副作用，协调好与他人和环境的关系。

自我觉察：如何避免因高权力感产生过多愤怒？

如果我们被一个人拿枪指着，并且他还不断地羞辱我们，我想大部分人肯定会非常恐惧。但是反过来，我们拿枪指着一个人，而他依旧用言语羞辱你，那我们会产生什么情绪？答案一般是愤怒。

这个例子已经非常好地解释了为什么一个人会对另一个人产生愤怒，那就是权力感的相对高低。

愤怒是一种展示力量和地位的方式。如果你的意识里觉得自己的权力比对方高得多，你就容易对他的侵犯行为感到愤怒。动物界中的各种行为，对这一现象的解释最为明显——“我比你强壮，我就可以欺负你”“我是猴王，我可以夺取你的食物”。反过来，如果我们觉得自己的权力比对方低，当对方侵犯我们的权力时，更多时候我们是敢怒不敢言的。所以，老板让我们加班的时候，我们顶多私下里抱怨，但是不敢直接和他说：“我不干了！”

我们感知到入侵者的权力与自己相持平时，我们就会比较纠结。如果这个人一开始侵犯我们，我们会觉得这是可以接受的，并且会温和对待。但是，随着这种侵犯升级，我们感知到受侵犯程度过大时，就会采用愤怒的策略展示维护权利的决心。

当然，权力感并不代表我们真正具有的力量和权力，而是我们感知到的力量和权力。如果一个人具有非常强烈的权力感，那么他更容易感觉受到侵犯，并且以愤怒还击。这就像每个人都给自己的地盘画了一个圈，权力感高的人画得比别人大几倍。别人不小心进入了他的地盘，他感到被侵犯时，就会勃然大怒。

心理学有一个众所周知的“踢猫效应”。老板对我们表达愤怒，我们不敢过多反驳。回家之后，我们把受到的窝囊气发泄到自己的妻子身上，而妻子则发泄到孩子身上，最后孩子则把气发泄到了一只猫身上 。我们可以从这里面感受到明显的权力关系。这也印证了鲁迅所言：“怯者愤怒，却抽刃向更弱者。”

我们更容易也更喜欢向比自己弱的人表达愤怒情绪，这是一种非常普遍的现象。因为向权力比我们低的人表达愤怒，可以更快制止令自己不愉快的事情，并且保证不再发生。但是面对权力比我们高的人时，我们表达愤怒并不能制止权力继续受到侵犯，反而很容易使自己遭受“二次伤害”。

当然，愤怒并不完全由权力感决定，也受到侵犯范围大小的影响。就像老板天天让我加一个小时的班，我想“一小时也不过分，忍忍就过去了”。但是，老板得寸进尺，不断增加加班时间，并且要求我周末也要处理文件。是可忍，孰不可忍。我最终还是愤怒地告诉老板：“我不干了！”这种方式往往意味着一个人接受了关系的破裂，避免了“二次伤害”。

一般情况下，高权力感带来的愤怒更多的是“坏的愤怒”，这种愤怒并不是为了解决问题，而是为了维护过高的自尊需求。这样既不能解决问题，反而容易使问题激化，因此我们也不提倡这种愤怒。那么，我们该如何利用愤怒这种情绪呢？让我们进入下一节。

“好的愤怒”：如何让愤怒为解决问题服务？

愤怒是一种比较特别的情绪。它是简单的原始情绪，当一个人的利益受到损害时，立刻爆发出来为自己挽回损失。它在动物身上体现得最为彻底，无论是求生还是夺取食物，都非常有帮助。它也可以是社会情绪，可以与其他情绪合在一起，然后再发泄。比如，人们可能因为某件事情感到羞愧，但是又觉得不被尊重而恼羞成怒。

正是因为这种复杂性，“好的愤怒”才显得非常有难度。如果想让愤怒为解决问题服务，我们就要把握好合理的需求、正确的对象、正确的频次、适当的强度，以及恰当的结束时间。那么，我们该怎么做才能实现“好的愤怒”呢？

“好的愤怒”关键在于把握愤怒背后的信息。情绪是一种“原始的理性”，它是在弱肉强食的丛林生活中，最具有适应性的思维模式。这种模式至今也有其独特的作用，只不过不再是主导作用。但是，我们一旦愤怒起来，理性思维最终还是会让位于原始的理性。

在前面也强调过，我们的边缘系统和原始脑是“没文化”的。它们无法进行深度思考，只能根据微弱的线索得出非常粗糙的结论，然后指导我们的身体或战或逃。当愤怒出现时，我们的理性通道依旧会受到阻碍。所以也就有了那句名言——“愤怒常以愚蠢开始，以后悔告终”。但是，这并不是说愤怒会让我们失去理智，极端的愤怒情绪才会。

基于这些特点，要实现“好的愤怒”为解决问题服务，最主要的是理解其背后的信息。没有无缘无故的爱，也没有无缘无故的愤怒。我们之所以会愤怒，是因为我们试图通过展示力量以解决问题。

比如，当我们一而再、再而三地温和提醒：“同学，你踩到我了，可以把脚挪开吗？”对方反而嗤之以鼻，你就会改变策略，试图通过愤怒展现自己的力量，借此停止其对自己的侵犯，这是愤怒背后的信息。

但是大多数人的愤怒并不是根据这一点展开的。比如，你和朋友讨论国庆去哪个地方旅游比较好，在讨论过程中发生了一些争执，对方的声音大了点。你质问：“你竟然敢吼我？”然后，双方讨论的焦点不再是去哪里旅游，而是“你敢吼我”。这个时候的愤怒已经在目的上失效，造成了矛盾升级。你们的愤怒已经从目的导向变成了“权力之争”。

心理学针对攻击行为的特点，将它划分为两种攻击形式：一种是敌意性攻击，另一种是工具性攻击。敌意性攻击只是单纯地“为了伤害而伤害”，“为了让对方损失和受伤”的虐待、语言攻击等基本属于敌意性攻击，而工具性攻击则是“为了达到目的而伤害”。

愤怒也是如此。比如上面说到的例子，你们刚开始讨论的是“去哪里旅行”，你们的愤怒也是从自己的立场而发，为了达到说服对方听取自己建议的目的。但随着争执的方向逐渐失控，你们的愤怒不再围绕“去哪里旅行”，而是变成“权力之争”的敌意性愤怒，你们发泄愤怒只是为了使对方受伤。

把握好愤怒背后的信息，是“好的愤怒”最基本的原则，否则我们极容易陷入目的失败且关系破裂的双重困境之中，而这是最差劲的愤怒。我们要做的就是，在愤怒的同时，提醒自己“目的是什么”，并在争执过程中觉察是否发生了目的转移。

我们愤怒并且发生争执的模式本来是：AB→目标。但是在愤怒过程中，我们会变“笨”，争执模式很容易转化成：A→B。但是我们通过提醒自己，可以在一定程度上减少这种自发的转化。这就像人无法阻止暴风雨来临，但是我们可以提前知道它将来临，把衣服收好并关上门窗，减少损失。

边界感：如何建立边界，减少不必要的愤怒？

大学期间，我经济上比较宽裕的时候经常请两位舍友吃夜宵，因此我发觉其中一位缺乏对我的边界认知。有一次，我不请客了并且试图和他要夜宵的费用。然后，他就说我“斤斤计较”“从未见过如此厚颜无耻之人”之类的话。

为什么我拿回自己的费用，他会认为我计较呢？因为他经验上认为这顿夜宵是他应得的，我索要费用的行为让他受到了损失。我经常请客让他习惯了这种获得，但这并不是他用努力得来的，而是基于我们的关系和我个人的愿意，本质上物权还是我的。面对这种无理的指责，我当然是选择还击。

如果我们是普通关系，他们就不会认为我拿回自己的东西有不合理的地方。但是我的那位舍友为什么会在没有损失的情况下，有这种“付出感”呢？

这就是模糊的边界带来的坏处。在日常生活中，你要用规则和语言告诉别人什么东西属于你、哪些不能碰。一旦你和别人的相处模糊了这种边界，别人就很容易把你的东西当作他的，你的使用会让他感到失去、感到剥夺，进而对你产生情绪和不满。

生活中，我们有很多矛盾也是由边界感缺失带来的。这种边界感缺失在亲密关系中十分明显。我们的父母对我们是缺乏边界感的，我们与恋人的边界感也是模糊的。

那么，怎样才能避免由边界感差异带来的矛盾呢？最简单有效的办法是，通过语言和规则的方式量化别人的越界行为。

“边界”的作用在于控制和界定归属权。我们知道国家与国家之间会有各自的边界线。设立这种边界线的目的是让行为可以量化，进而判别是否存在越界行为。虽然越过边界1厘米，可能并没有多大影响，也不会造成冲突，但是越过2厘米、3厘米呢？所以，为了避免越界行为产生影响，在越界行为出现时就阻止，才能避免发生冲突。

每当我们告诉别人自己的需求是什么、禁忌是什么时，实际上就是在建立边界，通过告诉别人这些事情，得到我们应有的尊重和理解。

比如，现在的恋爱关系中经常会遇到“出轨”这种问题。一旦遭遇，其中一方就需要承受非常大的伤害。其实，我们可以先与自己的恋人约定，不单独约见非工作需要的异性，也不与其他异性过多地聊私事，更不可以与陌生人在社交软件上聊天，并且强调这些都算出轨的行为。

通过这些规定设定一个边界，一方面如果发现了这些行为可以有一个缓冲，不会遭受太突然的打击；另一方面可以有一个双方都可以遵循的边界，减少由于边界模糊不清而带来的不愉快。

如果你学不会拒绝，别人就无法知道你所能接受的边界在哪里；如果你不会表达愤怒，那么别人很难知道你的底线在哪儿。通过示好避免发生冲突，不仅是脆弱、不稳定的人际关系的征兆，还会严重损害人际关系的健康发展。

示好只是一种负面情绪的逃避策略，它只能短暂奏效，时间久了依然会引发愤怒和冲突。我们只有敢于面对负面情绪，才能慢慢地学会如何有效地表达自己的情感和需求。如果你一直选择逃避和拒绝，只能承受更多的损失。

第五章

抑郁：

一种让“伤口”愈合的方式

我们进入抑郁状态主要有三个方面的原因：价值感被破坏、信任感被破坏，以及环境改变带来的不适应。抑郁状态具有一定的演化作用，可以帮助我们更好地面对损失和伤害。这种状态会让我们减少不必要的活动，降低体能消耗，进而更好地得到休息和恢复。只不过这种抑郁状态容易与社会必要活动产生冲突，因此也被大多数人排斥。我们不否定抑郁对人们的一些坏处，但是也不应过于否定这种情绪。

功能失效：抑郁的本质是一种自我疗愈

在生活中，我们可能会遇到以下这些情况：

· 参加了某一个比赛，花费了苦心，结果连初赛都没有过。
· 宿舍里有一个处处针对你的舍友。
· 好不容易上司升迁了，有一个职位空缺，最后晋升的不是自己。
· 父母的钱不见了，冤枉说是你拿的。

我们遇到这些情况时会感到很难过，并且很容易陷入抑郁情绪。这种情绪是一种复合情绪。大部分人认为抑郁情绪的表现就是悲伤，然而抑郁情绪经常掺杂了敏感、焦虑、悔恨、内疚和强迫等。因此，很多处于抑郁状态的人，情绪都比较不稳定。

抑郁情绪的产生往往是因为应激模式失效或者问题迟迟得不到解决。一般来讲，一个人处理外界应激模式是：发现威胁阶段→应激阶段→问题解决阶段→恢复阶段。

当我们得知一些突发的不幸时，比如亲人离世，我们会受到极大的打击，应激失效，暂时无法调节过来，进而让身心进入抑郁模式。

另外，问题迟迟得不到解决，我们也会长期处于抑郁情绪之中。举几个例子，一个长期处于暴力环境的人，如果每次接触别人都不可避免地受到伤害，他就非常容易产生抑郁情绪；或者工作多年，你始终没有得到晋升，出现了晋升机会却没有你的份儿，这个时候也非常容易陷入抑郁情绪之中。

抑郁情绪是一种非常有适应性的生理反应。当我们抑郁时，我们的基础代谢率会适当地降低，并且集中更多的资源弥补“伤口”，以便我们更快地从损失和受伤中恢复。受伤时，通过调动资源，让身体更快地恢复正常，这种代偿也是一种非常普遍的生物学现象。所以，当人们受伤时会对各种活动失去兴趣，才能减少不必要的能量消耗。

抑郁会增加我们对可能的伤害来源的逃避行为，这可以让我们“藏”起来，保证自己的安全，避免受到二次伤害。所以，在自然界中，一般受伤的动物会找个地方藏起来等到恢复之后再外出行动。因为受伤的动物缺乏自我保护和捕食的能力，出行就意味着面临高度的危险。久而久之，那些喜欢在受伤时还到处乱跑的生物都逐渐被淘汰了。

但是，这种有效的进化模式在面对失控时，出现了非常多的问题。记得以前有一次我遭遇了生活的一些打击，心情不好，非常疲惫，不过觉得可以忍忍，想着不打紧还是去上班了。但是心情太低落了，于是我在地铁上闭眼休息了一下，结果不小心睡着，坐过了两站，上班也就迟到了，还没能保住全勤奖。所以，那天心情不太好，再加上自己精神不太好，接水时又把水杯打碎了。并且，我在工作上也没法集中精神，于是在一些文档格式上出了问题，晚上回到家时在微信里被批评。

本来身心不舒适时，我应该好好休息的，但是迫于生活的压力，我不得不放弃休息，因此遇到了更多的麻烦。在各种约束中，情绪的逃避策略失效。我不得不持续应激，一次又一次地加重我的痛苦。

当我们受伤时，我们的本能反应是让自己逃避不安全或者让我们受伤的地方和人，但是社会条件使得这种逃避策略失效。比如，被小心眼的同事闹腾几次，你不太可能决定辞职；抑或，你被天天半夜打游戏的舍友吵个半死，想去外面住却不得不面对难以负担高房租的问题。

一个人产生抑郁情绪是非常正常的现象，但是在这样的情绪下还得不到休息和恢复，我们就会一直处于低落和焦虑的状态。当这种情绪延续的时间长到一定程度时，我们的生理和大脑也会产生一些变化。一般认为，抑郁情绪持续时间超过两周就是有问题的抑郁状态，如果处理得不好，很容易变成抑郁症。

也就是说，这种抑郁情绪不再是能够帮助我们的本能，而是一种极端的情绪状态，超过了我们调节的范围。那么，这样的极端情绪有什么表现呢？在《精神障碍诊断与统计手册（第五版）》中有比较详细的记载，其主要特点是：在无身体受伤情况下，持续的心境抑郁或者对活动失去兴趣和愉悦感。具体表现如下：

A. 连续两周的时间，病人表现出下列9个症状中的5个以上，并且这些症状必须是病人以前没有的或者极轻的。

1. 持续可观察到的悲伤。
2. 对各种活动失去兴趣和愉悦感。
3. 非刻意情况下，一个月内体重变化明显（超过5%）。
4. 睡眠出现问题，嗜睡或失眠。
5. 几乎每天都出现精神运动性激越或迟滞。
6. 经常感到疲惫不堪。
7. 觉得自己没有用，极为自责。
8. 注意力缺乏，无法集中做一件事情。
9. 有寻死的想法和冲动。

…………

当然，判断自己是否有抑郁症，关键还是需要到医院寻求医生的确诊，避免由于心理暗示给自己贴上不必要的“标签”。这里只是为了让大家认识到抑郁情绪在极端状态下的影响。

很多人，尤其是老一辈的人认为，抑郁症是矫情的表现，没有予以足够的重视。但是这种心理状态对个人的伤害不亚于一场重病。在对抑郁症人群进行脑成像实验后发现，他们大脑脑区中关于自控力方面的前额皮质，尤其是眶额皮层部分产生了明显萎缩。这意味着抑郁症人群更容易失控，他们更容易做出极端行为，更渴望用极端行为逃避现实。因为他们做的很多事情已经不是自身能够控制的了。

同时，他们关于情绪记忆部分的海马体也出现了20%的缩小。海马体的缩小能够让人们忘记不愉快的事情，这种方式是“极端环境”中的不正常适应。这在一定程度上破坏了我们的学习能力，因此人们无法高效地学习和记忆。

另外，当我们受伤后，杏仁体会出现更为剧烈的反应，也就是会变得敏感。这种反应会让我们不错过任何环境中的危险信息，保障我们在受伤前知道危险和躲避。但是，我们因此更容易将各种信息与危险关联起来，进而让自己的痛苦加倍。所以，不要再否定抑郁症人群的痛苦，更不要因为不了解而胡乱下定论。

我认为，每一个人都有了解抑郁的必要性。当我们进入这种状态时，可以更好地疗愈自己。当身边的人深陷其中时，我们可以向他们伸出援手。

信任与价值：哪些社会因素会导致抑郁？

很多人认为抑郁是一个开始，但事实上，抑郁是一个结果。它的产生是因为我们所面临的问题得不到解决，并且我们因为受限于社会条件无法逃脱。在这样的情况下，我们的抑郁从正常的本能反应慢慢变成难以调控的极端情绪。

那么，抑郁到底在什么情况下会从正常转变为极端呢？我们的行为模式都是为了适应一定环境产生的，极端情绪则是为了适应极端环境。我从查阅的案例和文献中发现，几乎所有的抑郁症可以归结为三类：第一类是信任体系被破坏，第二类是价值体系被破坏，第三类是对环境转变的不适应。

第一类是信任体系被破坏。你还很小的时候，妈妈丢了100元并认为是你偷的。你所有的说辞都会被认为是狡辩，换来的是一次又一次的责备和暴力。久而久之，你在这种毫无信任可言的环境中，慢慢培养起不信任他人的思维模式。你会认为世界是危险的，认为他人是恶毒的，把所有的不幸归结于这个世界的不公平。

这类人群之所以逃避现实，是因为他们感觉自己不被外界信任，进而对外界产生不满。尤其是当他们患有抑郁症时，被外界认为“玻璃心”或者“矫情”时，他们的信任体系会受到更严重的破坏，进而加重他们的抑郁症。因此，信任体系被破坏的抑郁症人群，有更多的焦虑和不满情绪，更容易与他人产生争执。

第二类是价值体系被破坏。以我的一个大学朋友为例。他比较内向，不擅长社交，且本身并没有特别优秀的地方，综合素质处于中等水平，因此他面试的时候不具有很强的竞争力。在第11次被面试公司拒绝之后，他开始情绪低落、食欲不振并且失眠，以及出现神情呆滞的现象。之后他去三甲医院做检查，被确诊为抑郁症。

我们的个人价值需要外界的正反馈。但是，我们长期得不到外界的正反馈，就会对个人的价值逐渐产生怀疑。如果这个时候还有人“落井下石”，给出很多负反馈，我们就很容易否定自己的价值，进而陷入抑郁状态。

很多抑郁症的人在童年时期经常得不到表扬。即使他获得了好成绩，也会被人拿“隔壁家的孩子”比较，进一步使自尊心受挫。他们的价值体系被破坏，以至于对表扬过于渴望。他们宁可不考虑自身的需求，也想要通过帮助别人获得肯定。他们过于看重别人的看法，以至于邻居家的狗多看了自己一眼，都觉得自己今天出门脚步声好像有点大，吵到它了。

当然，除了以上两种情况，还有一类抑郁是环境转变的不适应带来的。每年大学开学最初的几个月，都是学校最重要的心理宣传期。因为过往的经验表明，这段时间里，学生会发生较多的极端事件。很多学生无法很好地转换自己的身份，或者对大学的生活或学习的预期上没有达标，因此很容易产生无力感和不满。

在环境转变的过程中，我们需要相应地调整自己的思维和行为，但并不是每个人都能够发展出这种调整能力，所以缺乏这种能力的人更容易与环境中的一切发生冲突。久而久之，他们身心疲惫，最终因为问题得不到解决而抑郁。

此外，多方面的研究证明，孤独确实更容易造成人们的抑郁。所以，很多刚进入社会的毕业生如果是一个人住，会产生更多的抑郁情绪。或者孩子在上学时期经常转学，也会因为失去朋友而感到孤独。如果这种转变没有得到足够的社会支持，也非常可能形成极端情绪。

无论是信任体系被破坏，还是价值体系被破坏，或者是对环境改变不适应，这三类情况都很容易让人产生抑郁。但是，这种抑郁大多数情况下只是暂时的状态。在这种情绪变成困扰之前存在一个过程，身边的人如何化解他们心中的困扰，是最为关键的因素。那么，怎样避免这种短暂的状态变成长期的困扰呢？我会在后面提到一些策略。

反刍思维：如何控制自己的“胡思乱想”？

我的一个读者曾经和我讨论了一个问题。她说，与男朋友分手之后，每天都沉浸在痛苦中。她很想走出来，但是闭上双眼满脑子都是前男友的影子以及跟他相处的点点滴滴，总是渴望回到以前。她非常后悔自己的不安全感逼走了他。她还说自己现在没办法集中精神，没办法不让自己胡思乱想。

实际上，这个女孩已经陷入了一种反刍思维——不断地回忆和思考负性事件和负性情绪，无法自拔。如果没有正确的引导，她很容易演变成抑郁症。那么，当我们陷入反刍思维中时，如何能够更好地恢复呢？

我在讲解情绪问题时，经常说的一句话是：“打败我们的不是负性情绪本身，而是丰富的想象力，但帮助我们解决问题的也是丰富的想象力。”反刍思维可能让我们陷入无尽的痛苦中，但是它也可以帮助我们更快地走出负性情绪。

反刍思维对我们有很多正面的意义。

反刍思维具有一定的替代作用。我曾经对30余位好友（以青年群体为主）

进行选项提问：当你产生负性情绪时，你都在想什么？最多人选择“幻想改变负性事件的过程和美化结果”，其次是责备自己，最后才是思考如何解决当前的问题和以后要怎么做。

这个问题的选项“幻想改变负性事件的过程和美化结果”体现的是反刍思维的替代功能。当我们在现实中无法得到满足时，反刍思维会“帮助”我们实现。虽然这种代偿有自我欺骗的成分在内，但是也暂时减少了我们的痛苦。

比如，我在路上不小心被一个行人撞到，他没有道歉，只是看了一眼就走了。我非常不开心，又觉得没必要和他计较，但还是有些愤怒。在接下来的路上，我一边走一边暗骂他。这个时候，反刍思维代偿了我遇到的不满，给予自己一定的心理安慰。

另外，反刍思维可以帮助我们复盘，寻找自己的不足或者在这个负性事件中做得不够好的地方。很多人在反刍过程中，不断地回忆负性事件的各个细节。通过不断勾勒整个事件，让自己更清楚这一事件存在的问题，有利于总结其中的经验，以便在以后遇到相似的情况时可以参考。

比如，有一次，我经过十字路口的时候，因为是绿灯我认为是安全的就没有左右察看。这时有一辆车闯红灯，在我眼前飞快地驶过。当我回过神时有点后怕，因为如果我再向前一步就会被撞。然后，我的大脑便开始不断地反刍，这也让我养成了过绿灯也左顾右看的习惯，并且每次过绿灯，这个场景就会浮现。

当然，反刍思维还有一个好处，就是让我们思考接下来可能出现的各种情况。我在前面说过，我在演讲前会感到不安，脑子里会闪现出非常多表现不好的场景，但是这也增加了我对可能出现的情况的处理能力，因为我知道哪个地方更容易出错，哪个地方我还不够完善。在不断的反刍思考中，我的失误反而减少了，因为可能出现的问题很多都被我在反刍过程中处理了。

和人类进化出来的其他认知模式和情绪模式一样，在合理的范围内和合理的事情上，反刍思维也是对人类有极大帮助的适应方法。但是，一旦超过了一个限度，这个方法就会失效。比如，我因为差点被车撞到，不断地反刍当时的场景，从此再也不敢过马路。这种思维是非适应性的反刍思维。

那么，我们该如何让反刍思维帮助我们面对生活中发生的各种负性事件，而不是让自己深陷其中呢？我的经验是把反刍的内容记下来，然后再思考。

在《脑锁：如何摆脱强迫症》一书中，精神病学家施瓦兹提到了“强迫性思维的脑机理”。大脑的尾状核是人的思维调控器，帮助我们“换挡”“减速”和“刹车”，有强迫性思维的人，其尾状核处于“刹车失灵”状态，因此他们会不断地反刍那些负性事件。

这印证了前面列举威廉·詹姆斯在《宗教经验种种》中强调的一个观点：当情绪发生时，理性永远退居第二位。我们的情绪在大脑中处理的优先级远高于理性思维。当我们意识到危险时，将注意力保持在危险源是更合理的做法。如果危险源一直存在，那么注意力就会本能地集中在那儿。

不过，对这种注意力本能的“朝向反射”可以适当进行调整。我们可以通过书写自己当前经历的负性事件，适当地激活尾状核的“制动”功能。因为我们在书写的过程中，需要调动更多的理性资源帮助我们整理思路，使得处理情绪的优先级暂居其后。同时，书写负性事件的起因、经过和结果，也代替了反刍思维的一些功能。

我们的边缘系统只能极为粗糙地加工遇到的问题，并且简单粗暴地将其分类为“有利的”和“有害的”。但是，这种二分法并不适合越来越复杂的现代社会。书写，可以让大脑皮层的语言区和书写区重新被激活，使我们对当前遇到的负性事件有一个更为具体和清晰的认识。

我也曾经陷入非常强烈的反刍思维中。大一时，我对未来非常迷茫，觉得自己做的一切都没有意义，害怕碌碌无为。想到将来我工作时领着微薄的薪水，我又在心里算了一笔账，然后越发焦虑和担心。

后来，我在一张纸上将担心的问题、自己的焦虑都列了出来，发现只要努力就可以解决。再比如，我担心自己未来找工作时没有竞争力，就给自己规划了要参加的比赛、社会实践等；我担心自己碌碌无为，就努力阅读和学习，用忙碌填充生命中的虚无感。

情绪一旦极端化，我们的理性就无法发挥作用。书写的方式，可以让负性情绪得到一定的缓冲时间，慢慢地恢复理智（理性）。我希望这个方法能够减少你反刍思维的困扰。

调节抑郁：如何让自己不再害怕这种状态？

抑郁本身并不会有太多的负面影响，相反，它是我们度过伤害和损失时的疗养情绪。但是，我强调过：过度抑郁会影响大脑回路，让我们深陷其中无法自拔。那么，怎样避免过度抑郁带来的伤害呢？我们依旧从情绪产生的三个因素——生理状态、认知过程和刺激因素（环境）考虑和给出建议。

试着晒晒太阳和散步

长期抑郁会让我们大脑中关于认知、注意力和记忆力的部分受损。这可以帮助我们把注意力放在不能解决的危险源上，也可以更好地忘记不愉快的事情。这在生物的自然演化时期非常有帮助。但是，我们进入文化演化之后，这套“暗理性”系统就不再那么成功。

如果想从生理上恢复这种抑郁带来的“损害”，那么我们可以通过晒太阳和运动等方式调节。太阳光中的紫外线会与我们体内的谷氨酸等物质发生反应，提高大脑皮质和海马体的兴奋度，让我们更快地恢复自己“保护性萎缩”的大脑和海马体，从而恢复注意力和记忆力。除此之外，散步也会诱导内啡肽的产生，这不仅可以让抑郁症患者得到一些快乐感，也有助于帮助他们更好地找回自己做事情的驱动力。

运动同样可以增强我们大脑的机能。万科董事长郁亮曾经说自己患有抑郁症，但是跑步治愈了他。实际上，我们可以通过各种运动调节抑郁情绪。运动过程中，你在排泄身体里堆积的有害物质。同时，你的脑源性神经营养素也会被刺激增长，你的身体也会释放很多内啡肽，这些都会帮助你调节抑郁。

理解抑郁的意义和功能

很多人觉得抑郁是不好的，但实际上我已经解释过了，抑郁的好处非常多。只不过，当这种“暗理性”的需求——躲避危险和自我疗愈没办法得到满足时，才会产生危害。

很重要的一点是，不要把抑郁当成一种威胁。凡是我们想要控制的，也都在控制着我们。我们越是排斥它，越是会造成自己的失调。这种挥之不去的念头，让我们产生更多的无能感，甚至连情绪都没办法控制好，才会真正伤害到我们。

当然，还有一类人因为对抑郁不够了解，认为自己有抑郁症之后，就变成一辈子的“残疾人”。这种想法会让他们采取更为消极的态度面对抑郁，进而加重抑郁症。

相反，如果用积极的态度去面对抑郁，就更容易变好。就像很多试图通过拜神让自己变得更好的人一样，但实际上，变好并不是因为神灵保佑，而是他们认为得到了神灵保佑，进而采用积极的行为应对面临的困难，这更有利于解决问题。

努力解决问题

抑郁产生的原因之一是危险源一直存在，或者问题一直无法得到解决。比如，在习得性无助实验中，小狗一开始在焦虑的驱动下努力尝试逃脱电击，但是它发现自己无论如何都不能逃脱后，开始产生抑郁情绪，放弃了所有抵抗尝试。

同样，如果我们生活中有很多迟迟无法解决的问题，我们也很容易陷入抑郁状态。比如炒股，当股市暴跌时，股民看着自己的资产缩水50%，就会产生抑郁情绪。但是随着股市回暖，股民的心情又会慢慢好起来。

当问题（危险源）解决后，抑郁情绪大多会迎刃而解。因为抑郁的效用是帮助我们面对损失和不可解决的危险，所以我们可以从环境因素上调节抑郁情绪，努力将问题解决。

以上是关于调节抑郁情绪的一些小策略，更多详细的内容后面也会提及，不再赘述。不过，我还是想问读者一个问题：你想摆脱抑郁困扰的愿望有多迫切呢？这种迫切可以驱动你今天就去晒晒太阳和跑步吗？

第六章

社会情绪：

当情绪遇上社会关系

原始情绪是为了让个体更好地生存，社会情绪则是为了让群体更紧密高效。但是这两者经常发生冲突，尤其是涉及我们自身利益层面时，会产生更多的矛盾。怎么解决这个问题，也是我们接下来要阐述的话题。

文化情绪：当自然演化变成文化演化时，情绪也发生了改变

心理学家尼克·汉弗莱（Nick Humphrey）认为人类在自然演化过程中，大脑分化出帮助我们解决社会问题的脑区，而且占据的比例可能大过解决物质问题的脑区（使用工具等）。这种脑区的演化决定了人们成为社会性动物。

彭尼贝克（Pennebaker）和梅尔（Mehl）曾经观察到，即使是在需要上课的日子里，学生们还是有将近30%的时间用在交流上（他们会在上课时间讲悄悄话）。这种精力分配是需要经过大脑优先级分析出来的。

也就是说，大脑进化出来的大部分脑区是用于帮助人们解决人际问题和社会问题的。人们将超过25%的身体能量提供给大脑，造成四肢能量供应不足而变得细小。但是，这25%的能量供应大部分却用于解决我们与环境中其他人的关系。这种演化和改变有什么意义呢？

事实上，群居最大的好处是提高了种群的生存概率。在草原上，动物落单往往意味着死亡，强壮勇猛如狮子也不例外，单只狮子再强大也抵不过成群鬣狗的围攻，因为它独自捕食的能力极为有限。但是，通过群居，动物们可以合理分工，保障获取食物的量和幼崽的安全，并且当自己受伤时也能够保证基本的生存。

对落单的恐惧，促使动物对群居生活的依赖。所以在演化过程中，比起让四肢变得强壮，与其他同类处好关系貌似更重要些。人类社会也是如此，尤其是在集体文化明显的地区，人们更害怕被“赶出群体”。为了合群，很多人不敢轻易表达自己的不满情绪，害怕给其他人造成不方便。

为了避免冲突，群体内部开始制定一些规则来约束人们的行为，比如：约定按劳分配，不能哄抢。一旦违背规则就要受到惩罚。这些规则保障了群体成员的基本利益，大大减少了冲突。

在这个过程中，我们产生了几种具有社会性质的情绪——道德愤怒、害羞、尴尬、惭愧。这些情绪具有明显的特点，那就是与自己的社会利益切身相关。

当别人违背了规则，我们的道德感会被激活，从而去制止这些违规行为。我们的成长是一个社会化的过程，我们受到社会规则约束，同时这些规则也保障了我们的利益。当别人违背甚至破坏这些规则时，我们会因为“利益相关”去阻止。比如，我们看到别人插队去制止，就是一个很好的例子。

当我们渴望从别人身上得到爱和喜欢时，却感觉自己“德不配位”，就会产生害羞的情绪。这种情绪基本产生在人际关系之中，至少我们不会对一条狗表达出害羞情绪。害羞主要是因为“动机不纯”，我们过于渴望从对方身上得到关爱，进而将自己置于被动位置，等待对方支配。

当我们违背了软性规则时，我们就会感到尴尬。比如，在公共场合放了个屁。一些规则在遵守上不具有现实可能性，进而将它们变成一个“软性规则”。人们默认这种规则需要遵守，但是不强制执行，我们所有的礼貌问题都属于这种规则。我们产生尴尬情绪主要是因为感到形象受损。社会形象是一种重要的资源，我们可以因此获得信任、获得帮助。所以，我们对社会形象的重视度也非常高。

当我们违背了硬性规则时，容易产生内疚。比如，侵犯了别人的利益。当你开车时，不小心撞伤了别人，你就会感到非常内疚。这种情绪的产生是一种社会化的表现。

内疚是一种社会行为的调节器，可以让我们判断自己是否出现了“违规”的行为，是否伤害了别人或者侵害了别人的利益。这种不自觉的感知会促使我们为自己的行为负责，并且补偿受到伤害的人。

过度内疚会让我们承担不属于自己的责任。别人也很容易利用我们的内疚操控我们。以拒绝别人为例，我们每个人都有拒绝别人的经历，但是每次拒绝时我们也会感到内疚，这种内疚会促使我们补偿别人。比如，夸他：“你是个好人”“你配得上更好的”，或者表达歉意：“这个忙我帮不了你，真的很抱歉。”

这种内疚是适度的，我们通过一定的语言赞美或者通过表达歉意，让他们知道我们并非主观上拒绝他们，从而让他们心里好受。而“不适度”的内疚就是我们在别人一次又一次的请求下，答应那些不合理的要求。

原始情绪是为了让个体更好地生存，而社会情绪则是为了让群体更紧密高效。但是这两者经常发生冲突，尤其是涉及我们自身利益层面时，会产生更多的矛盾。怎么解决这个问题，也是我们接下来要阐述的话题。

内心的冲突：我们终究不能成为自己

索伦·克尔凯郭尔在其作品《致死的疾病》中有一句经典的话："无法成为我们自己是一切绝望的根源。"事实上，我们很多烦恼的来源也是因为我们无法成为自己。

情绪心理学家詹姆斯将自我的概念划分为"主我"和"客我"。主我是主动的自我，这是可以自由决定的部分。客我则是制约主我决定的部分，一般由观察者和社会环境组成。我们的每一个行为都是在这两个要素结合下进行的。正如卢梭《社会契约论》中说的："人生而自由，却无往不在枷锁之中。"自由对应着主我，束缚对应着客我。

很多人都觉得"受限制的自由"是我们产生各种不满情绪的根源，但也正是这种有限的自由，保障我们的生活正常运行。在《利维坦》一书中，霍布斯这样写道："个人的存在先于社会的出现，个体为了更好地生存、为了自身的利益才加入各种社会组织。他们因此放弃了很多自由的权利，换取社会的保护。"

通过与别人协作，我们过上了丰富多彩的生活。一个人很难单独完成各种生活资料的生产。但是通过交易和流通的方式，你可以轻松地获得其他人生产的生活必需品。比如，你生产的产品是小麦，但是你想吃牛肉，就可以用小麦和别人交换牛肉，而不需要自己养殖牛。这样就大大降低了生产成本，进而享受到更好的生活。

通过加入一个群体，我们得到了很多相应的其他权利，避免了更多的人际矛盾。比如，通过对物权的规定，让人们自发认可所有权的归属问题，避免过多的争抢。

但是社会激变带来的客我膨胀，让主我受到的限制越来越多，也越来越复杂，以至于我们与自己想成为的人背道而驰。随着互联网的发展，自我受到客我的限制越来越多。并且，主我内部、主我、客我，以及客我内部产生了越来越多的冲突。这些冲突造成了我们内心的矛盾和失调。

首先，我们了解第一层冲突：主我与主我的冲突。我们一方面想要努力工作获得升职机会，成为一个更受尊敬的职场人；另一方面也想要多陪伴家人，成为更好的父母、爱人、子女。这两者都是主我的选择，但是这两者在时间上存在竞争，很难兼顾和平衡。主我之间的矛盾由此便产生。

第二层冲突是主我与客我的冲突。这种冲突相对来说比较常见。比如，当我们想要努力学习，让自己变得更聪明，身边的人却说“你这么努力，也没见你变得更优秀”，试图让你放弃上进。当你努力而你身边的人都非常懒散时，你就会难受——不努力就无法进步，努力却显得与他们格格不入。

第三层冲突则是客我与客我的冲突。这种冲突，我们叫社会角色冲突。

当我们习惯于某一社会角色时，我们进入另一个角色状态就需要做出很多调整。当两个角色跨度过大时，我们会难以接受这种落差。比如，一个沉迷于游戏的人在游戏中惯于扮演主宰一切的角色，回到现实生活中发现自己一无是处时，他的内心会产生极大的不安全感，进而渴望通过网络继续回到自己主宰的世界。

当然，客我与客我的冲突在生活中的例子非常多，并且这种冲突往往持续时间较长。就像电影《万箭穿心》中，马学武在外面是高高在上的主任，拥有很大的权力，但是到家中却成为一个“妻管严”。外人说了几句风凉话，他便产生了与妻子离婚的念头。同样，工作中的管理阶层也有这种矛盾，对下有“生杀大权”，对上不得不唯命是从。他们试图以升职或者单干的形式结束这种不协调。

“矛盾是事物发展的动力”，同样，人的主我与客我之间的矛盾也在不停地推动一个人的进步。社会评价让我们得以修正自己的一些不足，但是我们的需求又在促使自己努力。在这个过程中，我们也学会了成长。

道德之怒：规则赋予权利，愤怒捍卫权利

想象一下，如果一个草原上有10户养羊人，每个养羊人都希望自己的羊比别人多一些、大一些，于是让羊毫无节制地吃草。过了一段时间，草原上的草都被吃完了，羊没草可吃了，只能饿死。所有人因此受损，这也就是经济学中常提到的“公地悲剧”。为了避免发生这样的情况，大家就划分了一定的草地范围。这样一来，为了避免自己范围内的草被吃光，羊被饿死，养羊人就会有节制地养羊，各自的利益也得到了维护。

如果有人违反了规则，我们就会感到不公平，进而产生心理失衡和愤怒。为什么我们会产生“道德之怒”呢？

前面我说到过，愤怒是因为一个人感觉受到侵犯，驱动自己去维护利益的表现。当我们看到别人破坏了规则，感到预期利益被侵犯了，进而产生愤怒。比如，前面所举的“养羊人”例子。任何一个人破坏了规则都会导致别人的利益受损。如果这种破坏规则的行为不被限制，那么受损的就是其他遵守规则的人。因此，当有人破坏规则时，守规则的人便会产生道德之怒，甚至用惩罚让

破坏规则的人停止违规。

道德之怒是一个人高度社会化的表现，是对当前规则的适应。这种情绪一般不会带给我们太大的困扰，因为旁观者立场决定我们不会“入戏太深”。当陌生人因为他人违反规则而利益受损时，我们会感到不公平、感到不满，以及给予他一定的声援和帮助。但是，我们并不会因此产生伤害自己的极端情绪。

不过，所谓的“道德之怒”有时并不是基于道德，而是基于利益关系。

我上大学的时候，很多人不喜欢图书馆的一位管理员，因为大家觉得她太严格了。每个人都需要刷卡才能进入，如果系统识别不了她就会检查一下。总之，她不会放过任何“漏网之鱼”，连登记学生证信息放行的机会都不给。正因如此，我有好几次因为忘带学生卡无法进入图书馆。但是，大家都很喜欢另一个管理员，因为她管理得非常“松”，允许通过登记的方式进入图书馆，有时甚至不用登记。

但是，图书馆后来遭遇了几次盗窃事件，基本都对应着检查比较宽松的那位管理员。后来想想，严格的管理只是让不守规矩的我“利益受损”，而宽松的管理则容易让守规矩的我利益受损。

当我成为不守规则的人时，我会觉得遵守规则是一件让人生气的事情。当我遵守规则时，被盗窃的损失又无法精准地打击到我身上，我也因此抱有侥幸心理。这也是很多社会争议事件发生的原因。

再完善的规则也会有人破坏，这就使得很多事情都会有对立方。他们相互认为对方侵犯了自己的利益是不道德的。尤其是，很多事情和做法说不上道德，也说不上不道德，可能只是习惯和风俗不同。但是，每一方都是自己的习惯和风俗的受益者，因此试图极力维护自己的规则，然后吵得不可开交。

实际上，我们从这种利益关系的角度出发，看待很多社会争议事件，尤其是无关道德的事情，可以避免很多不必要的争执。我们能够理解和清楚对方只是在维护自己的利益，就像我们维护自己的规则（利益）一般，本质上并没有什么不同。

聚光灯效应：你的害羞来自你的太在乎

人是群居动物，这就决定了我们对待别人的认可有强烈的需要。别人的认可让我们感到被接受，以及不会被伤害。一旦遭到拒绝或排斥，我们就会感受到非常大的压力和痛苦。正是这个原因，社会评价压力在我们所有生存压力之中是最大的一个。

为了避免这种无形而巨大的社会评价压力，一些人选择了逃避社交。相对来说，这些人不敢主动与人沟通，并且在社交过程中更容易产生不适感。这种特征我们称为害羞型人格。

绝大部分人都会害羞，尤其是当我们追求自己喜欢的人时，这种表现会更明显。我们的害羞是因为担心自己给对方留下的印象不够好，所以表现得更为拘谨和礼貌。但是，我们并不会因此而完全排斥社交，反而会在担心中努力尝试和改进。

害羞会促使人进入一个低权力感的状态，我们会变得更为礼貌和谨慎。在达切尔·柯尔特纳的一项心理学实验中，研究者设定了三个人在开会的情景，并且赋予其中一个人拥有评价其他两个人的权力。他们故意在桌面放了五块饼干，只够这三个人每人一块，并且剩下两块不够再分一轮。实验发现：主动拿剩下两块饼干的人，往往是拥有评价权力的那个人，并且他在食用过程中，发出的声音更大，在处理饼干屑时更随意。但是，将这个人的角色换成被评价者时，他的表现就变得礼貌了。

也就是说，社会评价的压力让我们变得更礼貌和谦让，一旦脱离了评价体系，人们就会暴露出更多本性。这并不利于社会文明的构建和内部的和谐。因此，对社会评价有所顾忌是一个正常人拥有的情绪，我们不需要有太多的担心和不满。

但是过于担心社交评价以至于逃避社交，就像担心过马路可能遇到车祸而不过马路，显得比较夸张。因为人的社会性决定了这种逃避不太可能成功。那么，我们该如何让自己或者身边的人走出这种害羞呢？

我认为，最重要的是增加自己的社交经验。

我有一个过度害羞的来访者和我阐述了他的问题。他很害怕和别人聊天，总是怕说错话，给对方留下不好的印象，也害怕别人把自己尴尬的时刻同其他人说。实际上，这种因噎废食的担心是过于在乎自己形象的表现，是一种病态的完美主义。

我给他的建议是在买东西的时候，试着和小店铺老板或菜市场阿姨聊聊天。大家知道，没有人能够做到让任何人都喜欢，但还是忍不住担心被拒绝和被排斥。因此，如果告诉他要转变对社交的态度，不要追求完美主义之类的建议，就像要求他“好好学习”却不告诉他学习方法一样，不能促进他的改变。

但是，我们通过增加社交经验，可以更为深刻地理解社交活动的具体技巧和拥有更多的应对经验。

为什么我建议他和小店铺老板或者菜市场阿姨聊聊天呢？因为一个人对社交的恐惧很大程度是来自社交评价。但是，和小卖铺老板或菜市场阿姨聊天，我们可以很好地规避这种压力。我们不容易在他们面前产生低权力感，也就不会太看重他们的评价。由于他的顾客身份有一定的“权力感加成”，他们也不会给太多负面反馈。

在这种环境下，我们训练自己的社交技能和积累社交经验，可以帮助自己更熟稔于社交活动的规律和内容，慢慢获得足够的自信，克服害羞。

当然，那个时候这位来访者对我的建议还是不太敢尝试。我就试着和他科普了“聚光灯效应”——每个人都认为自己是特殊的，是站在聚光灯下万人瞩目的人，但实际上大家都很忙，会很快忘记你是谁。

我还讲了一个自己的故事。我在一次演讲比赛中出现了一个比较明显的口误，觉得这个口误会让观众怀疑我的专业能力。后来，我问台下的几个朋友是否听出了自己的那个失误，大家都说没什么影响，觉得很有激情、很有感染力。但是，我还是非常在意那个口误，觉得丢脸极了。

随后，我在台下看其他选手演讲失误时，我并没有什么特别的感受，并且很快把这位选手失误的内容以及这个人给忘了。转念一想，我也会很快被别人忘记，并不会有人把大把精力放在一个不相关的人身上。唯一作祟的还是我们太在乎自己，太把自己当作“主角”。

后来，这个来访者也证明了我给的策略是有效的。他在认知上改变了过度自我中心的倾向，并且积累了非常多的社交经验。这让他在面对一般社交场合时，有了很强的应变能力。

我们害羞的原因除了担心别人的评价，还有一个原因是缺乏足够的社交技巧。缺乏足够的社交技巧会导致我们不那么自信。这也是很正常的现象。就像你的数学很好，当别人问你数学问题时，你可以行云流水般地回答他。但是，如果你数学不够好，就容易支支吾吾地答不上来。

有足够的社交技巧可以让一个人自信一些。比如，你可以试着自己先总结一些话术和话题，社交的时候可以更为流畅地找到话题避免尴尬；也可以试着总结出不同性格的人喜欢的社交方式，决定是安静聆听还是多说一些话。慢慢地，你能够在其中找到自己的位置和做出恰当的表现。

灾难性思维：如何避免过强的愧疚感？

我在前面多次写到，人的社会性决定了一个人以牺牲部分自由和权利，获得群体的保护和其他利益。我们很多情绪问题，尤其是抑郁和悲伤，都与过度自责密切相关。这种感觉往往是“自私的基因”与“为他人着想”的社会倡导之间的矛盾而产生。

过度自责往往会导致一个人陷入抑郁情绪中。抑郁是面临损失和失败时的恢复情绪，本身不会对我们造成过多的伤害。造成伤害的往往是强烈的愧疚感，我们不断地责怪自己，不断地给自己造成二次伤害。

相信大家应该看过契诃夫的作品《小公务员之死》。故事讲述的是一个小公务员在剧院不小心打了个喷嚏，将唾沫溅到了坐在前排的一个将军级文官身上。小公务员非常害怕，一次又一次地和这位文官解释和道歉，弄得这位文官从一开始不以为意到最后大发雷霆。最终，这个小公务员因为过于担心这位文官的愤怒和惩罚，惊吓过度而死。

这个故事非常有戏剧性。以前看的时候，我总觉得有些夸张，长大后才发现艺术确实源于生活。有一次，我因为一份文档格式没有调整好，但是手头没有电脑操作不方便，而且提交时间又比较急。因此，我不得不拜托公司的一个实习生帮忙调整一下，不过他也外出没办法帮我。随后的事情和“小公务员”的情况相似，他在微信上和我多次说明情况并且道歉，回到公司后还当面向我说明了一次。其实，我一直在想，他哪里错了？

可以看出，这个实习生是非常容易产生内疚感的人，后来他成为其他员工“压迫”的对象。长此以往，他会很容易患上抑郁症。这种内疚感会带给他过多的恐惧和不安，让他不得不付出更多的精力应付，最后使自己过于疲惫。

愧疚感可以帮助我们自我检查是否侵犯了别人的利益，但是过度愧疚会让我们承担太多不属于自己的责任。我在与一些有抑郁症的人沟通时，发现他们都非常善良，容易自责。当别人对他们好时，他们总想着加倍报答别人；别人对他们不好时，他们就会责怪自己没用。

那么，怎样才能调节自己的过度自责倾向，不让它成为我们的烦恼呢？心理学方面给出的答案是：提高自我价值感。

很多心理学流派在分析自卑和自负时，经常说自负是自卑的补偿，它是自卑的另一种表现形式，是缺爱的表现。这种说法就像“禅师”随便摆几个手势，让你自己“悟”，最后你还真觉得禅师的手势很有道理。实际上，自卑和自负是因为两种不同的需求导向而产生的人格特质。

人格特质

权力感 需求导向	高	中	低
主导特质	自负	自尊	自卑
主导需求	控制，权威，成就	理智，冷漠，疏远	找关联，爱，接近
生存策略	自力更生，强大自己	随环境转化，更有适应性	搞好关系，获得庇护，避免惩罚

自负者对权力有较高的需求。他们在人际交往过程中，会表现出很多控制行为，试图用更多的言语影响别人。那些说话滔滔不绝的人往往是自负者，他们善于主导交谈内容，并且输出更多自己的观点。

此外，他们的成就动机也比较高。对于权力的需求使他们喜欢竞争，以及渴望胜利。比起人际和谐和社会美誉度，他们更渴望得到权力和主导。因此，他们很喜欢自我美化，让别人觉得他们很厉害和值得信赖，并借此影响别人。

自卑者有着与自负者极为不同的处事策略。如果自负者试图获得更多的权力和资源来保证自己的生活和安全，那么自卑者则是希望通过处理与其他人的关系，让自己获得安全和资源。他们试图牺牲个人更多的利益换取人际和谐，以此让别人帮助自己。同时，他们恪守规则，以此避免被群体惩罚和排斥。

相对来说，自卑者更容易受到抑郁情绪的困扰，因为社交比竞争更普遍。他们的低权力感导致他们需要忍受更多不愿意承担的事情，接下来是责怪自己为什么那么没用，连拒绝都没有勇气或者害怕别人不喜欢自己。

这点与自负者不同，自负者之所以会自责，往往是因为成就动机无法达到。也就是说，自负者会因为怀疑自身的能力而责怪自己没用，而自卑者会因为不被喜欢或者社交麻烦而自责。

这两种抑郁情绪产生的原因不同，一种是社交关系受挫所致，而另一种则是权力需求受挫所致。不过，它们的解决办法具有共通性。自负者通过提高自我价值感，可以让自己不会因为一两次失败而认为自己没用。自卑者也可以通过提高自我价值感，相信自己的生活可以不依赖他人，不那么依赖社交关系。

自责就像一条一直追着你不放的黑狗，你太弱小了，导致你害怕和恐惧，所以只能选择逃跑。但是，你完全可以在健身房锻炼，强大自己。提升自我价值感的做法，就像是在健身房锻炼自己，我们锻炼出能应付各种到来的失败或者批评的能力。当更大的困难到来时，我们也会选择更努力地应对，而不是找个角落躲起来。

积累足够的经验或者培养一项技能，可以帮助我们提升自我价值感。因为自信往往来自过去的成功和对未来的预期。如果你过去有足够的成功经验，很容易因此培养起足够的自我价值感。你会因为那些经验相信自己具有与众不同的价值，也相信自己的技能可以帮助自己更好地解决问题。

在这个过程中，你的自我价值感会得到提升，并且在解决问题时更自信。当问题来临时，你会更清楚地意识到哪些责任是自己需要承担的，哪些责任是别人硬塞给你的。通过清晰界定责任主体，让自己避免过强的愧疚感。

第七章

冲突：

如何更好地理解人际关系？

人的本质是各种关系的总和。情绪问题很大程度上也是人际问题，而人际问题的主要成分又是沟通问题。一些错误的沟通方式会让我们“小事化大”，给我们带来更多的烦恼，而一些沟通技巧可以帮助我们避免很多这种问题。

非建设性冲突：为什么很多人会“小事化大”？

在生活中，我们多多少少都会难以避免地与他人发生冲突，因为人与人总会有很多不同的需求，而差异是产生冲突的根本原因。现在是一个更多元化的社会，这种多样性让世界变得缤纷，但有的时候也变得杂乱。

其实，我们与别人产生分歧或者冲突是非常正常的事情。但是，如果我们采取了错误的应对方法，很容易使这种分歧越来越大，冲突越来越严重，导致更多的损失和情绪上的问题。

无论是生活还是工作，我经常看到很多人因为一些“小事”而恶言相向，一步步把这件事情放大，最后一发不可收拾。这种情况往往是错误的应对方法导致的。

有一次，有个同事A在微信工作群里发了100个1分钱的红包，那时是深夜两点，他的动机只是想测试还有谁在加班和熬夜。但是，另一个部门的同事B领了之后说了句“发0.01的红包有意思吗”，并且骂了A。同事A则只是发了个调侃意味的表情，但是同事B却认为这个表情很没素质，并且再次嘲讽，最后两个人吵了起来，相互拉黑了对方。

其实这种情况并不少见，但是大部分都可以避免向更坏的方向发展。怎么做才能避免不必要的冲突呢？我认为，沟通始终是分歧和冲突中最积极和最具有建设性的解决方法。

前阵子我看到了一个新闻，讲的是程序员和产品经理打起来了。程序员认为产品经理的要求不合理，但是产品经理强烈要求添加一个功能。双方在争执过程中就打了起来。我看到这个新闻后第一反应是把新闻发给我们公司的程序员，并且问他，我平时的要求有没有不合理的地方。事实证明，我的直觉是对的——他也有好几次听了我的要求后想打我一顿。

然后，我向他表示“我不太懂技术，不知道难度如何，如果有不合理的地方，你可以和我直说”。他也很感谢我替他厘清产品逻辑，并且表示能够理解我的需求导向思维，以后会多和我沟通。这样我也算化解了一次潜在的冲突而导致的矛盾升级，避免了上面那种情况。

我在应对分歧时采用了温和且有建设性的应对策略，不仅相互间多了一份理解，也促进了工作上的进步。一个错误的应对策略可能会使矛盾升级，工作上也相互不配合。

在沟通过程中，我们要保持基本的尊重。沟通是为了解决问题，而不是用来批评和指责。当我们试图指责别人时，对方的自尊需求被激活就会产生抵触和排斥，他们更倾向于对抗和反驳。这样一来，只会降低双方的信任水平和配合程度。在接下来的任务中，会出现大大小小的问题。

比起“你是怎么办事的”这样的话语，“我们要怎么解决这个问题呢”会更有利于达成协作。绝大部分人都希望自己的工作得到肯定，至少不会刻意破坏。出现问题的时候，我们可以先咨询对方原因，而不是着急批评，这样更容易因为相互理解而提高配合程度。

总之，出现问题时与其不断揣测，不如直接与对方沟通。这样一来，双方不至于产生误会，更有利于问题的解决。同时，在沟通的过程中，保持尊重的基本原则，进而增加互信互助。

范畴陷阱：争论过程中小事化大的错误方式（一）

在《有限的与无限的分析》一书中，弗洛伊德说，如果我们想控制我们生活的世界，就需要不断整理和发现这个世界的规律和原理。通过这种化简的方式，我们从繁杂的世界抽离出各种概念，帮助我们理解和思考，进而避免犯错误。

语言能够传递知识和信息，但是它的加工存在非常大的主观性，在传播过程中总是存在变形。文字的发明在很大程度上避免了遗失和变形，很好地保留了过往的知识和信息。随着知识的质和量的提升，文字也开始变得越来越抽象化，这一特点可以使极少量的文字记载非常大量的信息。

然而，这套“化简法则”在失控的人类进步中遇到了越来越多的阻碍。虽然，这个法则可以帮助我们更好地理解这个世界，让我们能够获取更多前人的经验并且指导我们的生活，但是，我们同时也陷入了另一个问题之中——“范畴陷阱”。这个抽象化的过程使得一个字词存在非常多的内涵和范畴，不同的理解会导致不同的结果，于是产生了差异和矛盾。

我们对世界认知的构建存在大量的主观元素，而这些元素的来源之一便是我们对事物概念的理解。比如有的人将一些动物归类为牲畜，但是有的人将它们归类为宠物。这两种分类范畴会指导我们的行为，让我们根据这些认知做出不同的行为决策。

如果两个人看待同一件事情，在认知范畴上的差别太大，就会产生两种截然不同的想法或者做法。这时，他们就容易产生争执和矛盾。

比如，有一个同事试图争抢一位一直有来往的客户，于是我们去和他讲道理。在讲道理的过程中，他死不认错，我们就和他发生了争执。然后，找到领导想对这件事讨个说法，领导却说："一个巴掌拍不响。"领导的认知范畴是"双方都有错"。但是，我们知道一个巴掌打在脸上的时候也可以很响。我们的认知范畴是对方打了我们的脸，过错在对方。

实际上，生活中还有非常多这种认知范畴的谬误。这种范畴的不同，更多在于我们观察世界的角度不同，很多时候它们很难有对错之分。只是，我们人为地想给它们一个确定的答案，减少模糊感带来的不舒服。

价值体系就像支撑我们行为和思想的脚手架。当我们遇到一个不同的想法时，第一反应是排斥。不同的想法就像是要重塑支撑脚手架的部件，我们会因此陷入不安和不稳定的状态，这种感觉非常不好。

这就像一些老一辈的人为了追寻有意义的人生，创造出了很多支撑体系，比如在微信朋友圈转发各式各样的伪科学知识。如果我们告诉他们那些知识都是骗人的，他们就会感觉自己的脚手架正在被拆解，因此只能通过反驳和愤怒表达对你的不满。

同样，生活中还存在非常多类似的范畴陷阱。但是更多时候，这些陷阱并不像上面的那样容易得出结论和对错。相反，它们非常隐晦和神秘。

范畴陷阱为什么会造成人们之间的冲突呢？这也是下一章节要阐述的内容。

抽象化攻击：争论过程中小事化大的错误方式（二）

很多人在争执过程中采用了错误的方式（策略），导致矛盾小事化大，其中一个就是“抽象化攻击”。那么，什么是抽象化攻击呢？

在生活中，我们经常会听到这样的言论：

某某大学的学生只是成绩好，但是情商比较低。

某明星长得确实很帅，不过没什么气质。

这件事情你做得没错，但是也非常不合情理。

如果我们仔细思考这些言论，就会发现有一些很明显的特点，那就是这些言论的评价对象在一个方面明显优于大众，而说出这些话的人难以在这个方面否定大众所认可的这个高度。

但是，人民群众的智慧是无限的。一些人为了否定其他人很有办法，其中常用的一个办法是抽象化攻击。抽象化攻击的本质是将评价的标准主观化的过程。套用《三体》里的话就是“降维打击”。用棒球运动员威利·基勒的话讲就是“他们不在哪里，就在哪里打败他们”。

我们都知道，社会的竞争性决定了人们不得不制造很多可以量化的指标来衡量社会成员以及竞争关系。比如，我们用智商衡量一个人的聪明程度，用成绩量化一个人的学习能力，用积分制评价一个体育选手的技能，还用其他等级划分人群。通过这些量化的指标，我们可以较为主观地评价一个人的能力，划分好坏，区分敌我。

抽象化攻击是一个反量化的过程。将标准主观化，进而获得标准的制定权利，你很难说它错，因为抽象化攻击的标准就是“我说的永远是对的”。

我和一个观点不符的朋友做辩论时，引经据典有层次、有体系、有逻辑地分析一个社会现象，最后，他的反应是“我们对这个名词的理解不一样，你都不知道我在想什么”。一句“理解不一样”，就把我的全部观点否定了，而当我要求他说出哪里不一样时，他只会继续说，“不一样就是不一样”。

这个过程实际上是将评价体系抽象化的过程，因为“理解”这个词具有很大的主观性和不可量化性。

有时，他也会攻击我：“你不觉得你很功利吗？”他并没有根据我的观点反驳，而是试图通过抽象化攻击来否定我的观点。因为“功利”是什么，我们很不好解释。

再举个例子，“好看的皮囊千篇一律，有趣的灵魂万里挑一”，它是一种更为巧妙的抽象化攻击。说这话的人在颜值维度上无法获得认可，就会把竞争的维度上升到虚而更虚的“有趣”。这个时候，到底什么是有趣，它的衡量标准就由说话人来界定。

你在外貌上优于他们，他们就说你没有有趣的灵魂；你成绩优秀，他们就说你情商低；你粉丝多，他们就说你编故事的能力强……我也突然明白了这么一句话——“永远不要跟傻子讨论，因为他会把你拉到同一个水平，然后用他丰富的经验打败你”。因为他们把我们拉到他们的世界，而那个世界的规则是：他不可战胜。

那么，怎样才能减少由这种抽象化攻击带来的争执呢？那就是尽可能“量化”所要讨论的事情。

比如你们在讨论手机问题。对方说“我觉得A品牌手机是最好的手机”，你可能心里想着B品牌才是最好的手机。但是这种问题的争论很难有结果。你可以试着问对方“你觉得A品牌手机好在哪里？”对方可能会回答系统流畅性特别高，而你认为B品牌手机好的原因是性价比高。

这个时候，通过量化的指标数据，你就可以说“在流畅性上，A比B好很多，不过性价比上还是B品牌高”。这样对方没错，你也没错，只是你们看问题的指标不同。双方也不会感到被侵犯，自然就不容易产生无谓的争执。

衡量一个事物的指标会非常多，正如你要评价一个手机好，到底是流畅性好、性价比高，还是外观美观，或者再细分下去。通过将抽象的问题分解成更具体的方面，再进行讨论，可以减少很多不必要的争执。

共情能力：为什么说不要随意批判别人？

我曾经看过不下五遍《傲慢与偏见》，感受颇多。其中，有一幕令人印象特别深刻。

当夏洛特因为现实所迫而“嫁给”物质，她去找好朋友丽西时，丽西表示不理解，满眼疑惑。夏洛特说：“并不是每个人都经得起浪漫，我已经27岁了，没钱，也没前途，早已成为父母的负担，我也很害怕。”当丽西要说话时，夏洛特立刻打住：“Don't judge me.”

实际上，“Don't judge”更具体地说应该是“Don't you dare judge”——别用你的标准做批判。

以夏洛特来说，嫁给“物质”并不是她不够聪明，不知道柯林斯的问题，而只是她没有丽西那样的运气和美貌。在试图撮合宾利和丽西的姐姐简在一起时，夏洛特认为并不是每个人都像她们一样了解简，希望丽西帮她一把，但是丽西却认为这没必要，认为简对宾利的爱意够明显了。后来，正如夏洛特所料，宾利无法感受到简的爱意，进而选择了放弃。

夏洛特和丽西是对等的朋友关系，甚至比丽西更聪明一些。但并不是每个人都能够经得起岁月的敲打。丽西处于成年初期，她的主要任务是获得亲密感，避免孤独，感受爱与被爱。夏洛特已经进入了成年中期，她的主要任务不再是享受浪漫，而是获得繁衍感，避免停滞感，她需要的是关怀。

夏洛特早已过了那个天真的年龄，她必须面对现实，面对曾经所不能接受的一切。她已经挣扎得筋疲力尽，试图抓住岸边那一根稻草让自己解脱。丽西在秋千上想了很久，她应该想明白了。这也是“Don't judge”的第一个原因——你永远不知道别人遭受了什么。

“Don't judge”的第二个原因是：价值观上并没有那么严格的对错。普世价值观这把大尺都未能很好地衡量这个世界，更何况是我们自己心中那把小小的内在尺度呢？试图拿自己的标准衡量一切，就像拿着米尺却想丈量地球的直径，不具有现实可能性。

在我的印象中，亚里士多德讨论过关于“评判”的哲学问题。你要评价谁对谁错，你认为甲是对的时，那么你本身就带有甲的观点；你认为乙是对的时，那你在之前就已经有了乙的观点。你本身是这两个观点的一方，自然会反对另一方，这样的批判并不客观。当你对甲、乙都不认同，有自己第三种看法时，你就失去了评判甲和乙的资格。

太多人评判别人的出发点是立场，而不是事实。这也是为什么亚里士多德说：“评判之前，你要意识到自己的评判永远无法客观。”

在崇尚实用主义的国家，鼓励人们上进的本质是出于政治和经济发展的上层建筑输出的价值观。通过把它变成一种普世价值观，进而让每个人都有评判的资格，让大众承受舆论压力进而更好地贡献自己和创造价值。

在是非曲直和自身利益相关的事物前，我们可以有资格评判，但是在其他方面的价值观上，在我看来是没有的，毕竟它们不是通过数理公式按照严格的正误在运作。

有的人渴望功成名就，有的人渴望随遇而安，有的人放荡不羁……他们的选择有错吗？你可以把上进说成功利，也可以把安定当成没志气。但是，你觉得这种评判有多大意义呢？这只是在用你自己的“五十步”去笑别人的“一百步”，形式存在差别，但没有质的不同。

“Don’t judge”的第三个原因是太多人在评判时，希望别人“do as I say”而不是“do as I do”。他们的评判基于无知，看不见人的本性。

史蒂芬·平克在其著作《白板》中论述人性时写道：

> 人，表面上慷慨大方，而骨子里却贪婪吝啬；表面上对神灵虔诚，背地里却对神灵冷嘲热讽；表面上拥护柏拉图式爱情，私下里却沉迷于欲海。

人生下来被基因印刻的本能与“反本能”的社会约束存在着非常大的冲突，这种冲突让我们隐藏和压抑自己的真实动机。我们置身事外时，能够更好地用规则思考，可当我们成为当局者时，我们更容易变成本能的奴隶。

有一个明星在拍戏过程中，看到小学生晕倒了，立刻将小学生送到医院，但是一些人对这件事情的评判是“炒作”。我想当她选择见死不救时，骂她没爱心的依然会是这些人。他们的评判基于自己希望看到一切，而不是客观和事实。

以恶意揣度别人总是很简单，毕竟自己可以置身事外。他们的评判并不是为了让人们做出更理智的选择，而是只想找一个完美的理由攻击最正常的人性，划分和区别自己的与众不同。当他们身在其中时，并不比别人聪明多少。

共情的本质是呼吁理解和包容。经历越多的人，越能够看到别人的无奈，也越能看到人性之普遍。所以，他们能接受自己视野的局限性，接受他人的普通，而不是以上帝视角看待和评判。

真理的对立面不一定是谬误，也可以是另一个真理。正确价值观的对立面，也可以是另一种好的价值观。他们可以有高下，却不一定有对错。所以，Don’t judge.Don’t judge by your standards！（不要去评判别人，尤其是不要以你的视角去评判。）

非暴力沟通：如何才能更好地用沟通解决问题？

讲完了我们经常在冲突中出现的问题，那么该如何更好地避免这些非建设性的冲突模式呢？我觉得表达上可以遵循“非暴力沟通原则”。

> 描述：不带感情色彩地描述客观事实。
>
> 感受：表达对方的行为给自己带来的感受。
>
> 为自己负责：理解自己的预期带来情绪而非别人的行为。
>
> 提出合理要求：合理地向对方提出自己的要求。

首先是不带感情色彩地描述客观事实，实际上这是我们口头表达上最困难的一个地方。因为情绪是不可避免的，每个人组织的语言反映的都是一个人的情感状态以及思维深度。比如，很多家长看到孩子摔倒了，脱口而出的是：“你怎么老是摔倒？”我们能够明显感受到家长话语里的情绪是充满关心的，但是又充满了呵斥。

这种表达是带有强烈情绪的表达。但实际上，这些情绪无法帮助他人矫正一些错误。因为这只是我们自己的不安和焦虑需要发泄，为自己无法控制的情况感到愤怒。

我的一个朋友曾经有这种明显的思维特性，试图以批评周围人来掩盖自己的不安。当公司里的实习生没有做好时，他做的第一件事情就是责怪，并且人越多越来劲。他试图用这种方式建立自己的权威，让实习生因为害怕批评而做得更好。

我把这种策略叫作“虚假聪明人的错误”。因为这种方式经常出现在自认为聪明的人身上。他们总是认为自己能够做得更好，但是因为自己的精力有限，不得不交给别人做。可是别人无论怎么做，都无法让这些“聪明人”满意。他们在描述你的“错误”时，主观意愿多于客观事实。

其次是表达感受。很多人在描述对方的“错误”时，经常会带有感受。比如，前面孩子摔倒的例子，家长说的那句“你怎么老是摔倒”里的感受就是关心和不满。但是，这样的话语带有很强的指责意味。实际上，孩子摔倒更多是因为粗心，大人的批评并不能让他们有太多改变。相反，很容易激起小孩的情绪和反驳。所以，作为大人可以试着说：“摔疼了吗？”“为什么摔倒了？”通过提问让小孩思考，反而能让他的记忆更加深刻，帮助他纠正错误。

同样地，想在职场中建立权威，达到上行下效的目的，也不一定需要像前面我的同事那样，通过放大他人错误的方式实现。通过反问“你为什么会做不好”“你觉得哪里还可以改进”，让新人思考“为什么”“如何做好”，反而可以帮助他更快地成长。

接下来是了解自己的情绪和需求。我们之所以会对一件事情产生不满，很多时候是因为我们对结果有需求。比如，你的恋人未能及时回复你的信息，是因为你希望他能够尽快回复。但是，如果你此时在玩游戏或者和好朋友在外面，你的期望就不至于那么强烈了，反而担心对方的信息打断你正在做的事情。

所以，我们在思考为什么会不满时，也要厘清一下自己的需求。对方的行为可能并没有错误，但是因为没能达到自己的预期，看上去一切都错得离谱。

当然，最后我们也要和对方表达自己的预期。我们在与亲密关系的人相处时，总会认为对方知道我们的想法。但实际上，这种“自认为对方知道”的思维反而更容易造成隔阂。比如，你对某个人的行为感到不满，但是人家问你怎么了，你说“没事”。对方以为是误会，自然不会放在心上了，你就认为对方不善解人意，不重视你。对方追问你，你又闭口不说原因，反而让对方感到不满。

这种“自认为对方知道”的思维只会带来更多的冲突。相反，你在一开始就向对方提出你的要求，那么对方更容易知道自己可能存在的问题，避免胡思乱想带来的猜忌。

第八章

亲密关系：

成为更好的自己

家庭问题是我们情绪问题的来源之一。如何与家人更好地相处也是我们需要面对的话题。或许我们曾经在其中受过伤害，但是那些都是过去式，我们更需要做的是完善自己，把握未来。

越亲密越受伤：为什么我们与父母合不来？

有个来访者和我哭诉，他的父母从小到大都对他非常严格，这让他非常听话，但是做什么事情感觉都被操控着，完全失去了自主性，以至于没有任何主见。但是他非常渴望得到别人的认可，非常努力地按照父母或者他人的想法活着。他想学习感兴趣的历史学，最终却被父母逼着学习社会认可度更高的经济学。这些都让他感到非常难受，以至于现在非常恨他们，见到他们就想发火，很不耐烦。

我看过非常多关于童年对一个人成长的影响的文章，我发现所有文章都认可童年对个人成长的影响，也有很多的文章认为“父母欠我们一个道歉”，我们当前所有的不幸和不足都源于童年受到的“不正确”教育。

不可否认，童年对我们的影响是巨大的，但是将自身所有的缺憾都归咎于童年，这是一种对父母的不公平。因为教育就像投硬币，无论是正面还是反面，孩子都会出现或多或少的不足，唯有硬币竖着的时候，才是完美的教育。

我们自身的成长会经历两次自主性的提高，一次是两岁左右身体自主性的提高，一次是青春期心智自主性的提高。这两个自主性的提高会使我们的权利需求变大，进而更容易与父母产生分歧。

一方面，如果父母以一种严格的方式管教，那么我们的自主性就会受到一定打击，让我们不那么敢独立尝试，在做事情上更担心社会评价。另一方面，我们也会因此培养起对道德和权威的服从，并且构建出道德感，更懂得为别人着想，更能理解别人的烦恼和情绪。

如果父母以一种宽松的方式进行教育，那么我们的自主性会得到发展，我们因为缺乏足够的约束，更敢于尝试。但是，我们也可能因此变得骄纵跋扈，对别人的感受无所谓，我行我素。“慈母多败儿”的说法实际上也是这个原因，孩子缺乏足够的行为约束力，社会化程度相对较低，导致他们无法站在其他人的角度思考问题，性情上更加以自我为中心。

这两种带有倾向性的教育是普遍的，毕竟教育又不能像打游戏一样有进度条，告诉人们还差多少才是平衡点。因此，绝大部分人都在这两个倾向之中，既有自身的优势，也有自己的不足。

如果不是两种教育倾向的极端情况，将自身的所有不足都归因于父母的教育，对他们来说非常不公平。即使是心理学家弗洛姆也曾经直言：没有完美的教育。父母本身也只是普通人，我们站在他们的立场处理教育问题，未必比他们更好。

精神分析方向的心理咨询师一般喜欢从来访者的童年角度考虑来访者当下遇到的困境和问题，这种方式将问题的主体转移到父母身上，可以让来访者得以慰藉，减少自己的罪责感。但是，这种办法并不能让来访者明白，他们遇到的所有问题，自身也需要承担最主要的责任。当来访者暂时稳定后，还需要向他们澄清一个观点——不要把自己的不足和困境都归结到童年和家庭，进而拒绝一切改变。

“错误一旦为自己找到理由，就会变得从容不迫。”随笔作家威廉·黑兹利特如是说。同样，一旦我们将自己的所有不足都归结到可怜的童年，或者不完美的家庭，会让我们失去审视自我的能力，拒绝改变。那么，我们依旧会一而再、再而三地遭受到不幸，无论是爱情还是职场。

我们遇到的所有苦难，都需要自己承担主要责任。我们偶尔会给自己找借口好让自己好过些，让自己不被负面情绪和罪责感包围，这无可厚非。但是，当问题得以平息，我们依旧需要审视自己。世界给予我们的反馈受到我们自身行为的影响。比如一些父母之所以能够以宽容的态度对待孩子，可能是孩子生下来就具有较高的宜人性，反馈到父母身上，父母便用温柔的方式反馈孩子。如果我们本身能力不足，在遇到问题时，无法将它们转化为成长的契机，反而让它们变成了一种牵绊。

世界对待我们的方式，我们也会用自己的行为给世界反馈。我们无法改变父母对我们的影响，如果我们依旧用归咎于父母的方式看待事物，那么这种思维反馈给了外界，我们还会在同样的地方重蹈覆辙。

我们并不需要与父母和解，我们需要做的是与自己和解。接纳这种无法改变的影响，但是绝不让它们成为自己拒绝改变的借口。正如我与母亲关系并不是特别好，但是我不会刻意渴求她的认可，也不会认为这种不算和谐的关系影响到我当前的生活。我愿意接受她，以及我自己的不足，但是遇到问题时也愿意改变，而不是责怪母亲或者自责。

总之，所有的教育都是有偏差的，父母是不完美的，影响也是既定的事实。我们注定会有不足，只要不是极端的，将所有的不足归结为童年的不幸和家庭的不足，这不公平，也不客观。相反，我们可以不原谅，但是不能以此作为拒绝改变和忽视自身不足的借口。否则，这种思维只会让外界反馈给我们更多的不幸和困境。

适可而止：不要以爱之名绑架任何人

生活中，父母如果经常对孩子施以高频率的“暴行”，大多会让孩子产生适应性，这个时候的“棍棒教育”就会失效。

即使“棍棒教育”能够让孩子有所改变，但大多是短暂的，这只是孩子因为害怕惩罚而做出的应激形式。换句话说，他们只是学乖了，而不是变乖了。就像把酗酒的人送去戒酒中心，他可能会有所改观，但是，一旦他们离开戒酒中心回到原来的生活中，大多数人会再犯。“棍棒”本身也是一种压力，当撤去这个压力的时候，孩子还能保持一个好的行为，是个小概率事件。

太多父母以“爱”之名施以“棍棒”，这反而是在展现自己的无能。正如成熟的政治家都是将暴力作为最后的选择，而不是一上来就大打出手。开头就诉诸暴力，正是一个人没有实力的表现。同样地，暴力也是一个人低能的表现，他们缺乏足够的知识，不懂如何寻找其他更为有效的解决办法。

父母对孩子的物质付出，往往成为父母伤害孩子的理由。正如我们经常听到这样的话：

“我养你这么大，你就是来气我的？”

“我每天供你吃、供你喝，对你不好了？”

实际上，这就是一种只重物质不重精神的表现。父母过度注重于自己的物质付出，并且在伤害我们的时候，成为一种“道德许可”，让他们打得更为理直气壮、冠冕堂皇。这就像有人出100元钱要求揍你一顿一样，你会同意吗？父母对孩子的物质付出，不应该成为对孩子施以“棍棒”的借口，但是，现实中却大多如此。

另外，棍棒教育的副作用很多。低龄孩子的学习大多通过行为习得，一个被父母打过的孩子长大后更具有暴力倾向，以后他对自己的孩子施以暴力的概率会更大。如果这种棍棒教育是长期且不定时爆发，部分人就会因此变得极度敏感，进而导致产生神经症。这对孩子的未来发展实际上是非常不利的。一个长期生活在恐惧之下的孩子，往往会发生思维的窄化效应，他们缺乏思维能力，对其他事情的热爱程度会更低。因为他们的脑子里想的不是如何发展自己，而是如何保护自己。

人们大多有一种系统化的倾向，会忽略环境对孩子行为的情景作用。心理学家罗斯将这种根深蒂固的倾向称为“基本归因错误”。孩子在犯错的时候，大人大多是直接责怪孩子的品性，并加以指责，却很少考虑环境对孩子这个不良行为产生的影响，也很少反省自身是否存在造成孩子当前行为的因素。

当孟子犯错时，孟母选择的是搬家而不是过度责备孩子，实际上就是看到环境对人行为的塑造作用。孟子的伟大不是偶然的，很大程度上和有一个懂得教育和有思想的母亲有关。在我们的生活中，人们经常忽略孩子未发育出成熟的大脑自控系统，以及没有足够的记性记忆自己所犯的错误。父母与其采用“棍棒教育”，倒不如从改变环境上入手，让孩子在一个好的环境中生活，更有利于矫正孩子的不良行为和改变孩子的思想观念。

孩子是一个很容易接受暗示的群体。如果我们想让孩子更好地发展，那么赞美往往是最有效的。因为赞美的本质是一种贴标签的行为。当孩子接受了这个标签，他们往往会产生内在动力，让自己的行为去贴近这个标签。就像一些孩子到了学校，在老师面前会乖一些，本质是在做自己的形象管理。如果我们对孩子的标签是“低能、捣蛋”之类，久而久之，他们不会有维护形象的冲动，也不会有羞耻感，因为他们感觉在我们面前没有形象需要维护。

总之，“棍棒”是对孩子教育的最终武器，而且威力最大的时候不是使用它，而是用以威慑。

适可而止：不要以爱之名放纵任何人

如果父母过度关爱孩子，试图帮他们打理一切，那么孩子的成长反而会受到更多的阻碍。

在针对养老院老人的纵向研究中发现，如果老人的安全和生活等都被其他人打理，只让他们多休息，老人更容易死亡。如果让老人有更多的“自主权”，比如浇灌盆栽、自己吃饭、自己处理简单的内务，那么他们的开心程度会更高，并且身体的各方面机能会比失去自主权的人要好得多。

拉里·珀尔穆特发现，无论从哪个角度测量，让老人拥有更多自主权，都可以让他们更独立自信，并且更清醒、更不容易抑郁。这个针对老人的研究也可以放在孩子身上。因为一个人的成长需要外界的反馈，反馈越多，意味着成长越快。让孩子有更多的自主权，本质上增加了孩子与外界接触的机会。但是如果父母剥夺孩子与外界的接触，那么孩子就无法根据外界的反馈得知自己的做法是否正确，也无法知道自己的行为会带来什么伤害。

我的一个来访者的问题主要是反馈过少导致的。他和我说他的家境不错，再加上是独生子，父母从小对他限制比较多，基本上算是帮他打理一切。后来，他也养成了依赖父母的习惯，很多事情都让父母帮他做。但是，他现在最大的问题在于能够与别人建立亲密关系（家庭背景加分），却没办法维持自己的恋爱关系。他经常与自己的恋人发生争执，并且因为能力上的问题被多次否定。

因为他从小“无忧”的生活状态让他缺乏足够的反馈，导致他无法从反馈中获得维系关系的能力；因为父母的过度关爱，在能力的培养上，导致他没有足够的动力。父母的过度保护反而成为个体成长的最大阻碍。

我给这位来访者的建议是试着自己生活一段时间，减少与父母的联系。因为父母的过多干预已经剥夺了他的自主权，用减少联系的方式慢慢培养出他的自主意识，将自己暴露在更具多样性、更复杂的环境中，以此获得更多的反馈，并且从中认识到自己的不足和具体情况，培养自己独立生活的能力。

环境学上有一个边界效应，指的是在各个生态系统的边界地区生物多样性非常高，而且这些生物对不同环境的适应性也比一般生物高得多。为什么会有边界效应呢？因为它们需要接受不同环境的考验。它们对不同环境的适应经验可以沿用到其他环境中，这非常有利于它们适应环境的改变。它们能够接受的反馈远多于单一环境带给生物的反馈。

同样，一个人的成长也是如此。如果一个人缺乏足够的反馈，就无法通过外界的反馈调整自己的行为，以及培养自己对不同环境的适应能力。父母因为过于关爱孩子，担心孩子的安全、担心孩子学坏，反而不利于培养孩子对各种环境的适应能力。

我自己以前对学习非常不上心，曾经沉迷于游戏。但是有一个暑假，我被逼着去打工。每天早上6点多起床，晚上10点多才下班，而且还要忍受工厂难吃的食物以及难闻的味道。那个暑假之后，我觉得学习是一件非常幸福的事情，我也意识到如果我不好好学习，打工的生活就是一眼可见的未来。

我的成长源于“暑期工”这段经历带给我的反馈，改变了我的思维。这段经历（环境的影响）也培养了我的自主性，自那之后，我在学习上不再需要过多督促，变得自觉。

父母的任务不是束缚孩子的手脚，而是培养孩子的共情能力，不要让孩子有大的错误。让孩子多尝试不同的环境，多尝试不同的生活。当孩子的自主意识培养起来之后，反而更容易教育，而且也不用再那么费心。

成长冲突：学会放手是家长的必修课

实际上，我们生活中产生非常多的情绪，是我们生理上的变化带来的。

孩子的青春期一般在10—20岁，这个阶段的孩子正是性征的发育阶段。随着男孩性征的发育，其体内的睾酮素水平也开始明显增加，他们的性情也出现较为明显的变化，比如，攻击性会提高。如果你已为人父母，可以明显感受到孩子的叛逆和表达自我的需求。

女孩子青春期性征开始明显发育，是伴随着生理期的变化。女性体内的各种激素会出现明显变化，导致情绪和行为受到影响。比如，孕激素与情感识别能力和共情能力有较大关系，但是来月经的时候，这类激素会大量流失，导致女性对各种负面刺激做出更加激烈的反应，并且不能很好地考虑别人的感受。

当孩子进入青春期，大多数母亲则处于40岁左右。这个年龄段的女性雌性激素已经大大降低。雌性激素对睾酮素的功能有一定拮抗作用，这也是为什么女性在年轻时没有较强性欲，并且相对男性更温和。然而女性到了30岁左右，雌激素开始减少，她们也会表现出更多的攻击性，更容易感受到负性刺激。

亲情的天然属性是分离。在自然界中，有些动物到了青少年时期，意味着与父母分离，开始自己的生活。然而，人类的社会性阻断和改变了这种自然过程。

一般孩子在两岁以及十三四岁时，会因为身体和生理的发育而有更高的权力感需求。当孩子两岁时，他们开始学会走路和更多的行为能力，他们不再“安分”。这种不安分是他们体验世界的方式，但是很多父母因为过分担心他们受伤，会格外限制他们的行为。这时减少他们与外界的互动会降低他们的自主性，让他们变得过分安静。

到了十三四岁，在教育的帮助下以及自然发育，孩子的思维和意识都有所改变，关系主体开始从家庭转移到朋友。这使得孩子和家长的想法不再像往常那么一致。这个时期，孩子自我控制的脑区——前额皮质还没有完全发育，他们无法很好地控制自己的情绪来面对这些不一致。因此，这也是父母与孩子之间冲突的集中阶段。如果父母没能在矛盾中适当调整对孩子的控制需求，那么矛盾只会越来越多。

没有完美的教育，孩子不可能像教科书那样变成理想状态下的个体。父母需要做的是培养孩子的能力和价值观，只要是在合理的范围内，父母就应该接受不完美的孩子。如果孩子性格比较急躁，就告诉他太着急容易丢三落四，容易粗心犯错；如果孩子太优柔寡断，就多给他一些决策的机会；如果孩子偏离“正轨”太远，就给他提醒和告诫，甚至加以惩罚。

但是更多时候，父母要满足孩子的自主性需求，满足他们日益增长的权力需求。如果不敢放手，那么孩子就会感到压迫。有压迫就有反抗，孩子不仅难以听话，反而会激起叛逆心理，教育也会变得棘手。

学会“放手”也是家长应该学会的课程。如果一直拿捏着孩子的一切，孩子就没有办法发展自主性，这反而是对孩子的一种伤害，而不是帮助。孩子的年龄增长决定了他们的自主性需求只会越来越高。但是，父母一成不变地控制其需求，只会变成一场孩子与父母的权力对抗。

爱到极致是放手。如果舍不得放手，那么父母注定需要一辈子操心，而孩子也没有办法真正成长。所以，不要试图用爱控制孩子，也不要剥夺孩子犯错的权利，要让他们有机会独立成长！他们会给我们一个惊喜。

预期效应：抱最坏的打算，做最大的努力

我看过一句话“所有的感动都是陌生人带来的”，不得不佩服说这句话的人对人性的深刻认识。那么，陌生人为什么会给我们带来感动呢？这实际上与我们的期望值有关。

心理学家曾经对竞赛中的亚军和季军做过研究，发现一般获得季军的人会非常开心，而获得亚军的运动员会显得难过。因为季军认为“能拿到奖已经很幸运了，一不小心就第四名便无缘奖杯”，而亚军的想法则是“还差一点就可以拿到冠军，太可惜了”。

这种期望值影响了一个人的情绪。经济学家卡尼曼的前景理论提到，在对损失和收获的定义中，参考值比增减值更重要。当我们的预期是“第一名”，那么得了“第二名”看上去就是一种损失；当我们的预期是“第四名”，那么得“第三名”则是一种奖励与收获。“第二名”的收获是大于“第三名”的，然而前者却没有后者开心。

预期是影响我们情绪的重要因素。当某个结果高于我们的预期，我们就会

感到开心，而低于预期，我们就会感到难过，甚至是愤怒。

与亲密的人相处时，我们会慢慢提高对他们的预期，理所应当地认为他们会对自己好。面对陌生人时，我们不会有那么高预期，只要他们态度上不错，很容易让人感动。但实际上，我们身边的朋友、亲人的付出是多过陌生人的。但是因为预期的影响，人们还是觉得身边的人对自己不够好，因此感到难过或者愤怒。

另一个心理学实验也证明了这一点。心理学家设置了0元、5元、10元三个奖励级别，通过随机投注的方式获得。同时，检验被试者大脑中多巴胺水平的变化情况。结果显示，获得10元时，被试者脑区中多巴胺分泌水平最高，而0元最低。但是将结果转化为：-10元、-5元和0元三个级别时，获得0元的被试者大脑中的多巴胺水平比其他两个损失项高得多，而结果为-10元时，被试者大脑中的多巴胺水平非常低，并且损失警报器杏仁体也会被激活。

这种大脑反应的差别来自我们对结果的不同预期。虽然，一个高预期可以让自己更兴奋，但是也更容易难过。也就是所谓的“希望越大，失望越大”。那么，我们该如何避免这种预期带来过多的负性情绪呢？

我做过一个设计类项目，过程中出现比较多的问题。从头开始可能需要三个月，时间上来不及，但我还是坚持了，最后用了一个多月把它做完。我朋友夸我：“获奖的概率几乎为零了，为什么你还有那么大的毅力坚持？”我的回答是：“我一直抱着最坏的打算，想着最坏的结果，但是也期待着最好的结果。”正是这种对生活琐碎的接纳，让我有着接近无忧无虑的快乐。

事实上，“抱着最坏的打算同时做最大的努力”是一种非常能够调节自我情绪的方法。生活中有太多事情是人们无法把握的，这种不确定性让人们需要承受更多的不安。你根本不知道结果会是生活奖励了10元钱，还是亏损了10元钱。那么，我们就以最坏的结果思量，同时尝试所有的努力，就不会有那么多失望。

当然，并不能说期待高不是好事，毕竟这能够激发我们的各种能力，让自己更加努力、更加投入。正如古人云："求上者得中，求中者得下。"如果我们面对不好的结果时能有更强大的抵抗力，也不用过于在意自己总是有着"不合理的预期"。但是，如果这种预期落空的次数太多，我们就需要适当调整一下自身才是更好的选择。

除了对一些事情的期望值会影响我们的情绪，对其他人的期望值也会影响到我们。正如我在前面提到的，很多人的感动都源于"陌生人"，因为我们对他们的期望非常低。但是，我们接触更多的是亲友，对他们的期望却非常高，因此我们太容易把他们的付出当作理所应当，也就更容易对他们感到失望。然而，他们已经做得非常多、非常好了。

总之，在我看来，我们始终抱有"帮你是情分，不帮你是本分"的态度看待别人是否帮助自己，能够更清晰地看到谁为自己付出。在面对他们的拒绝时，也能多一些理解。保持这种低期望，避免过于想当然地认为他们会帮助自己。这样才能避免因为高期望而落空，也减少与家人的矛盾。

第九章

情绪重建：

用过程分析重建情绪

我们会遇到很多问题，包括自己与自己的矛盾、自己与他人的矛盾、自己与环境的矛盾。这些问题大多会伴随着敏感、焦虑、不满（愤怒）和抑郁。而这些情绪对应问题的不同阶段，让我们去解决它们。了解每一个情绪背后的信息，可以让我们避免情绪困扰以及更好地解决问题。

自我重建：如何减少对自我的不满？

有一个读者曾经给我留言："有的时候想起自己以前做的傻事，总觉得自己不可原谅，觉得自己极其无能，因此非常沮丧。"也有其他读者的留言："我玩了大半年的游戏，结果水平还是菜鸟级别，经常被人骂，被骂到怀疑自己的智商。"像这样的留言非常多。

在这里我们要解决的问题是：如何减少对自我的不满带来的困扰。对自我不满也不算坏事，这证明了一个人有进步的欲望。但是这种不满可以是动力，也可以变成阻力，那么，对自我的不满如何带给一个人负面的影响呢？

敏感。过载的信息使我们每天接收到的信号越来越多，尤其是商业广告不断鼓吹"自我完善"的信息，因此我们更容易接收到关于自身不足的内容。这个量的积累越来越多，导致我们经常怀疑人生：我好像什么都不行，到底是什么支撑我活了二三十年？

本来我们认为自己有很多不足，但是在各种媒体强调“我们就是无能者”的情况下，谁能不产生自我怀疑呢？这种敏感的产生是被动的，并不是我们主动寻求信息验证自己的不完美，而是一直有人像是一台无限播音机一样在耳边告诉我们这些信息。当我们遇到一些糟心事时，冒出来的念头难免也是这个声音。所以，人们的生活水平明显提高，但是生活的幸福度却没有提高。

焦虑。在轰炸式宣传下，每个人都感到非常焦虑。于是你开始健身锻炼，开始看很多的书，开始学习各种技能，希望自己能够更加优秀、更加聪明有趣。这种焦虑成为一种驱动一个人进取的动力，让其不断完善自我。从这个层面上来说，对自己的不满是有好处的。

但是另一方面，一个人的精力和资源十分有限，如果你渴望各方面都尽善尽美，只会让自己疲于奔命。要是你所有的付出没能给自己带来足够的“回报”——赞美或资源，那么你也会怀疑自己努力的意义。

我在大学时期的一个舍友就是这个样子。他非常上进，参加了好几个社团，比赛奖项也是拿了一个又一个，这些都是他为将来参加工作准备的，希望以此提高职场竞争力。但是，他还是非常担心未来，觉得“我那么努力，领着一个月八千元的工资（比其他同专业的同学要高了近三千元钱），什么时候才能够不用那么为钱担心，不用那么辛苦”。他也因此经常和我抱怨自己的努力没能得到同等的回报（有时候很想给他两拳）。

愤怒。我们对自我不足的焦虑，慢慢地也会演化成一种愤怒，不断地质问为什么我不可以？为什么我得不到？这种不满更多是我们对自己的要求过高以及比较过度导致。有一个人咨询过我一个问题："我有个同班同学，成绩比我好，长得又非常好看，还比我努力十倍，我感觉要崩溃了。我一看到她就不能学习，总是非常厌恶和生气，怎么办？"

这位来访者的烦恼实际上来自过度比较。她认为对方拥有自己没有的一切，这非常不公平。她不是试着努力追赶，而是用嫉妒和愤怒掩盖自身不足。她内心渴望比对方更聪明、更完美，但并不是试图让自己提升，而是想着把对方拉下来。

抑郁。如果我们的努力得不到回报，自然会进入抑郁状态。在这个阶段，我们会怀疑人生，怀疑自己努力的意义。我一个在考研的朋友，第一年考研没有过国家线，决定二战，但是二战还是没能考上自己心仪的大学。我和她交谈了几次，她告诉我，她看到考研相关的字眼就非常难受，做什么都没有心情，一直沉浸在抑郁状态中。大概过了三个月，在家人和身边好友的鼓励下，她慢慢平静下来，决定找工作重新开始生活。

这就像习得性无助实验中的狗，一直努力地想要逃脱被电击的命运，但是它发现无论怎么努力都会受到电击，自然而然地放弃了所有的尝试。这个时候，"暗理性"开始发挥作用，让它进入抑郁状态，减少能耗，更多地储存能量。

那么，在面对自我怀疑时，我们该如何调整呢？

接纳对自我的不满

在封建社会，出身基本决定了一切。人们生活在无数的束缚之中，但是他们却可以非常开心地过着每一天，因为他们认为这些都是理所应当，从来都没想过改变。反之，我们这个现代社会，因为看到未来的可能性，人们愿意付出更多的努力，但是也得到“越努力，越焦虑”的反馈。

如果你还会对自己感到不满足，恰恰说明了这件事情还有进步的空间。只要你能理解这种情绪的意义，它也会驱动着你努力。不要用过于负面和排斥的心理面对这些不足，这样它们才不会成为我们的阻力。

不完美，也美

我们经常会听到很多人建议大家“放弃完美主义”。这种建议过于缺乏具体性，所以指导性意义也大大降低。那么，“完美主义”具体指什么？完美主义的根源是希望什么都能够按照自己的意志发展，而在表现上有很多种类型，以下8类是其不同表现。

完美主义的表现

完美主义	特点
1. 完美形象	讨好别人，希望每个人都喜欢自己。
2. 绝对成功	希望自己的人生没有挫折。
3. 绝对控制	不喜欢任何不确定性，权力感非常高，非常喜欢批评别人。
4. 瞧不起身边人	认为身边的人都很差劲。
5. 旁观者视角	认为自己做得会比当事人更好。
6. 完美方案	认为每件事情都有完美的解决办法。
7. 过于逃避	害怕尝试，害怕失败。
8. 习惯推卸责任	当不好的事情发生时，习惯性找借口和责备身边的人。

自我怀疑在什么时候会变为成长的障碍呢？那就是我们存在以上完美主义非理性信念时，因为这是一种极端信念。这种信念会打破个人的“趋避”系统，让人在绝大部分状态下受到负面情绪的侵扰。这种不合理的标准和预期，让一个人再努力都没办法达到，一直处于损失状态，进而激活抑郁状态，最后陷入一个什么都不愿意尝试、不敢尝试的困境中。

理解“优秀”的定义

实际上，“优秀”是一个析取概念，而不是合取概念。也就是说，你只要有一两个方面比较不错，就是优秀了，而不是面面俱到，才算优秀。优秀并不是指完美，一个人成绩好可以被定义为优秀，一个人道德水平高可以被定义为优秀，一个人热爱集体、热爱劳动也可以被定义为优秀。优秀只要满足诸多条件中的几个即可，而不是全部满足。如果每个人必须合取各个方面，要求面面俱到的优秀，那么这个世界只剩下失败者。

关键在于我们抱着什么思维看待自己的不足。因为在这个世界上，几乎不存在完美的事物，每个人或多或少会有不足，也会有自己的闪光点。如果你把注意力放在了自己的不足上，得到的自然全是负面信息。所以，要否定自我是轻而易举的事情——你着急一点，我就说你浮躁；你无所谓一点，我就说你没有进取心。

社交重建：如何化解朋友之间的冲突？

来信一：我身边有两个常往来的朋友，她们经常话里有话地取笑我。我没有反应时，她们继续乐；我回复时，她们就会说我敏感、小气。我真的很无语。我明明是在包容她们，她们却不认为这是包容，反而觉得这是我的问题。我只能慢慢地不和她们来往，但还是会说话和发微信，毕竟要相互给些面子。我真的不清楚这到底是我的问题还是怎么了？我到底该如何与她们相处？

来信二：我有一个心理问题。我课桌右边坐着一个我讨厌的女生，只要她坐在那儿，我就会一直用余光注意她，这使我没有办法集中精力学习。只要看见她坐在那里，我就会觉得特别没安全感。前提是没有办法换座位，我该怎样克服？

对于讨厌她，我是这样认为的：我有很多不能忍受的事情，而这个女生恰恰有很多小毛病都是我讨厌的，并且我认为学习是一件很重要的事情，只要她在，我就会认为她的行为会影响我，令我心情恶劣。

我经常收到很多关于人际矛盾的问题，这两个是我觉得比较典型的例子，相信很多人会遇到类似的场景，所以我拿出来分析并且给出自己的建议，帮助大家减少由于这样的场景产生的烦恼。

敏感：第二个来访者说自己无法忽视那个女生的存在，为什么会这样？当我们讨厌一个人的时候，那个人便会成为一种危险源。只要他出现在我们面前，我们就会自发地将所有的注意力都放在他身上。这种朝向反射的注意力变化是一种原始本能，当危险来临时，我们会让自己丧命。所以，我们会变得异常敏感，对其种种行为进行解读，并且都是往坏的方向解读。

这种注意力的转化会让我们只关注他对我们的负性行为，并且让我们的雷达受到影响，开始出现非常高的错报率。它开始忽视正面行为，以及在对中性事件的解读上更偏向负面。久而久之，对方只会在我们的“预期”之中走向我们认为的样子。

这就好像有一个人从你面前走了过去，你和他打招呼，他却没有理你。这就有两种情况：一是他太匆忙，没有注意到你；另一种则是他不喜欢你，所以不想理你。如果你有第一种想法，那么你下次可能还会和他打招呼，而他也会回应你。但是因为你不喜欢他，将第一种情况的概率直接归为零，决定以后再也不理他。生活中有很多这样中性的细节，没有太多的刻意性，但是因为我们不喜欢，这些中性事件就成了负面和蓄意，导致产生了更多的误会。

焦虑：遇到危险时，我们的应激系统会被激活，驱使我们远离当前的环境，避开危险源。这个时候，在肾上腺素等共同作用下，我们心脏的血氧输送效率提高；在皮质醇的帮助下，体内分泌大量能量。这些生理准备中包括产生焦虑情绪，潜台词是告诉我们：我很不舒服，这里不安全，我需要逃避。让我们在意识上和体能上都有准备。

这种本能的反应，让我们不想见到那个讨厌的人。当他不在时，我们会感到轻松，这是因为我们暂时逃离了危险源，本能的目的已经达到，我们的暗理性需求得到了满足。当他回来时，我们的暗理性系统又被激活，只能继续维持着高耗能的焦虑模式。因此，我们感到非常难受。

愤怒：一般肾上腺素的提升会带动睾酮素的提高，这很容易提高一个人的攻击性。所以，我们在认定对方故意侵犯自己，伤害我们的自尊之后，我们的权力感被激活，然后开始反击。我们可能一开始采用冷漠的态度对待他，但是发现他好像“得寸进尺”，于是决定给他点颜色看看，接下来便开始权力之争。在这个过程中，双方冲突的范围开始变大，矛盾也变得不可调和。

抑郁：我们很想给对方“致命一击”，但发现这是一场势均力敌的对抗，几百个回合之后，彼此都疲惫不堪。毕竟高耗能的焦虑和愤怒状态很难持续。因为问题一直无法解决，我们开始产生无力感，并伴随着焦虑、愤怒等情绪状态。

汉斯·塞利（Hans Selye）曾经提出过一个关于应激反应的理论——一般

适应综合征。当我们进入应激状态后，会产生三个阶段：第一个阶段是警觉，我们感知到身边的危险并且开始调动资源应对。第二个阶段则是对抗，利用自己调动的应激资源，解决面临的苦难或者危险。如果这个问题或者危险迟迟无法解除，接下来就会进入第三个阶段——衰退。我们的应激资源耗尽，应激策略失败，并且开始面对巨大的压力，我们的身体开始出现消极和负面的生理变化。这个时候，我们更多地感到躯体上的疼痛，并且更容易感到疲劳。

以上描述大概就是我们在与别人发生长期的矛盾和冲突时，情绪发挥的作用和带给我们的影响。这个过程，我们不得不屈从于社会规则，没办法逃离这个环境，暗理性的需求得不到满足，于是我们开始产生情绪问题。那么，我们该如何避免人际冲突带给我们过多负性影响呢？

我给来信者的建议是主动沟通。正如前面所说，当我们讨厌一个人的时候，我们会自动把对方的行为当作是刻意的和有敌意的。在这种模糊不清的环境中，我们不断过度解读他的行为，增加了我们的认知压力。我们与其不停地瞎猜，倒不如尝试着与自己不喜欢的人沟通，用另一种方式与自己和解。

前面两位来信者，我都建议她们与对方多沟通，并且取得了不错的成果。她们给我回信的内容也大致相同：我开始理解“交流是架起人与人心灵的桥梁”的实践含义。我们主动与对方交谈之后就会发现，对方也有同样的感受，相互舍弃了一些东西，也都获得了前所未有的轻松，现在两人与对方的关系不亲密但算得上和睦，至少不会有冷漠和尴尬。

但是，第二位来信者还出现了新的问题。她认为她们只是表面和谐，矛盾还在，双方身上还是存在对方看不惯的东西。这也是很多人会遇到的问题——当信任被破坏时，即使互相原谅了，还是心存芥蒂。

如果我们手摔伤后，在愈合的过程中会结痂。这时，我们会感觉很痒。如果我们没忍住去抠它，那么受伤处就会受到二次伤害。伤口处理得好，不仅不会发炎，甚至可以恢复得连疤痕都看不到。实际上，人际交往过程也是如此。当一个人曾经让我们感到受伤，我们就会对其产生怀疑。关系开始变好的同时，我们开始感到心理的伤口很“痒”，如果没能忍住自己的不安去揭开伤口，那么很容易让这道伤口恶化。

我们需要做的就是克制自己的怀疑倾向，要意识到这是恢复的过程，不要过于在意。我们不用刻意讨好对方，但是可以尝试着继续主动沟通，而不是继续怀有敌意地猜想。

依恋重建：如何化解恋爱关系中的情绪问题？

来信一：我爱的人不爱我了。我很难过，我觉得人生已经没有意义，失去了所有的生活动力，没什么追求，也觉得没什么值得留恋，面对孤零零的自己，总是感到前所未有的孤独。

来信二：我对一个不可能的人有着两年的执念，根本走不出来。以前会每天想念到身心俱疲，现在还是很想知道他的消息，但是又害怕知道他的消息。我有的时候很想一了百了，真的太痛苦了。

向我咨询的问题中，最多的是关于人际问题，其次是自我成长的问题，然后是恋爱中亲密关系之间的问题。我发现恋爱中的亲密关系的问题往往是这三类问题中最严重的，大多伴随着很强烈的情绪反应和很大比例的偏激行为。

无论一段亲密关系是开始、发展、消退还是结束，整个过程都是“痛并快乐着”。

敏感：当你喜欢上一个人，你开始更注重自己的形象，试图展现更完美的自己，你也会放大细节上的不足，关注脸上那个小到看不清的痘痘，担心头发太长让自己没什么精神。总之，你会变得特别关注自己的外在，而且为了让对方觉得自己上进，也许你还吹牛地告诉对方你的爱好是看书。

当然，在恋爱过程中，你不仅会对自己的形象和行为特别敏感，也会格外注意对方的言语和表现。因为在恋爱期间，我们体内复合胺水平会大大降低，这种激素会让我们平时的情绪向更激烈的方向发展。也就是说，你开心时会因为复合胺降低变得更开心，难过时也会因为复合胺的降低而变得更难过。因此，你很容易因为恋人没有“秒回”你信息，脑补出特别多画面，最后陷入无比难过中；或者因为对方说了句似是而非的话，你感觉看到了天荒地老。

焦虑：当你喜欢上一个人时，你会渴望与对方有更多的接触、更多的沟通。你担心错过任何关于对方的信息，也担心对方没与自己在一起时的安全问题。你总是希望能够一直与对方在一起，但是你们并不是一体的，始终需要分开。你感受到不舍和不安。

同时，你会因为无法完全地满足对方而感到焦虑。当一段亲密关系进入发展期时，你们因为过于亲密会产生很多问题。“亲密”意味着允许对方进入你私密的空间，双方会更了解对方的秉性和特点，但是这也意味着更多的边界冲突，双方互相为对方改变自己。

恋爱包含着很多驱动力，会让你不断地满足对方的请求，但是你们始终不能完全地了解对方，这让你们或多或少会产生分歧和冲突。你害怕因此失去对方，进而陷入焦虑，这也会驱动你挽回和争取。

愤怒：当然，恋爱关系中的日常琐碎也会让你们因为分歧产生冲突。当双方都不愿意或者无法妥协时，经常会产生愤怒的情绪。比如，女性更希望男性能多花些时间陪伴自己，但是男性迫于生活的压力，不得不在工作上更努力。如果女性的需求得不到满足，往往会感到愤怒。这种愤怒并不是不理解男性，而是希望能够得到伴侣的重视，满足自己的诉求。一般，男性只要稍微证明自己重视对方就可以，但是缺乏策略的男性总是会据理力争，进而加深矛盾。

除了种种日常的琐碎分歧会引起愤怒外，还有另一种情况会让人产生极大的不安以及愤怒，那就是与伴侣分开。当一方认为自己受到不公平待遇时，其权力感会被激活，然后产生极大的愤怒，甚至做出非常多的出格行为。在诸多研究中发现，男性做出伤害曾经伴侣的行为远多于女性。男性一般有更高的睾酮素水平，这会使得男性在分歧中更倾向于用暴力手段面对分离。

抑郁：一般恋爱关系中会引起抑郁情绪的事件是分离的过程和背叛。在分离的过程中，你会念及对方的好，但是又难以忍受对方的不足。于是，你就会陷入一种非常纠结的状态，难以抉择。但是这种纠结是比较容易好的类型，因为问题最终还是会被解决。

当你被抛弃时，你的潜意识中会感到巨大的损失，自发地进入面对损失的状态——抑郁情绪。因为你不想失去对方，还会尝试着争取，但是你发现所有的努力都是白费。于是，暂时地失去了做任何事的动力，并且不想说话。你由此进入低耗能模式，在接下来的时间里你可以更好地面对危险。

“如何面对分离和背叛带来的失落和抑郁”，是我收到的问题中最多的类型。这类问题往往是恋爱问题中持续时间最长、强度最大的情绪问题。那么，我们该如何解决呢？

分离焦虑

当我们习惯做某件事情之后，它会变成一种“例行公事”。我曾经在《反本能》一书中说道：“当我们不断地用一种方式做某件事情，那么这件事情的回路就会有优先级；当我们遇到类似的情况，这个方式会成为第一个蹦出来的想法。”

当我们一直习惯身边有伴侣，那么当他（她）离开时，我们就会感到非常不习惯，无论我们做什么，第一个念头都会与之有关。我们难过时，习惯性地向对方抱怨和发发牢骚；开心时，我们的第一反应也是想着和对方分享自己今天的愉悦；遇到困难时，我们想着也是对方可以给自己建议和帮助。

这种焦虑多是“改变”导致的。就像很多大学生上大学时，第一次离开父母，一开始会很想念家，感到孤独和无助。随着与同学群体的联系越来越多，新的支持体系建立之后，这种孤单和无助感则开始减少。当我们习惯伴侣在身边与我们共同面对一切时，突然进入“一个人面对一切”的状态，会产生极大的不适应感。这种分离焦虑，大多是因改变而产生的应激反应。在这个阶段有很多恋人因无法适应“改变”而想着复合。

痛苦的产生也是如此，需要时间的疗愈，需要自己从“双人”模式调整出来。比如，让自己有更多的社交活动，以及寻求家人或者朋友的安慰，作为调整的过渡阶段，帮助自己更好、更快地走出来。

美化距离感

无论是中国的《梁山伯与祝英台》还是西方的《罗密欧与朱丽叶》，完美的爱情故事都有一个很大的特点，那就是主人公在面临生活琐碎之前，都离开了世界。当前非常多的影视作品和文学作品在塑造完美爱情时，是以结婚作为结束，而非另一个开始，这对很多人爱情观念的塑造有非常大的影响。

然而，生活并不是一直都美好。真正决定恋爱关系的持续性和质量，是那些生活中无处不在的琐碎。影视作品往往缺乏那些日常的细节，也没有刻画柴米油盐的烦恼，更不会讲双方在时间的消磨中失去一开始恋爱时的那种激情。

因此，当伴侣想要离开时，不用过于美化与对方在一起的日子。这种美好的幻想只是一种逆向合理化，让你陷入自责和难过之中。不要因为受到太多文学作品的影响，让自己以一种过于浪漫的想法看待爱情。相反，用一种更为开放的角度看待与伴侣的分离，会让你更快地从痛苦中走出来。

取悦型人格：为什么对人很好，却不被人重视？

史蒂芬·平克在其著作《心智探奇》中说到这么一个观点：动物会对那些能够伤害它们的或是帮助它们的事物表示顺从。

过度讨好他人的行为，本质上就是这种想法的极端表现。讨好者过于渴望通过对他人好获得别人的好，以及避免他人的拒绝、抛弃和愤怒带给自己的伤害。

讨好者取悦他人行为的根源可以分为三种：认知型、习惯型以及情感逃避型。

认知型“好人”

认知型的讨好者有更多“应该”的想法——他们认为自己对别人好，别人也应该对自己好。当我们对一个人好时，如果对方没有给予我们一定的反应，一般人会停止自己的付出，而讨好者的想法是：“别人之所以没有对我好，是因为我对别人还不够好。”

正常人：对别人好→别人没有反应→停止付出

讨好者：对别人好→别人没有反应→对别人更好

认知型讨好者的这种“应该”思维使其更为苛求自己，让自己付出更多。但现实往往是他人会出于各种原因对你冷漠和保持拒绝。这个时候，讨好者更容易感到无能、内疚和失败。

习惯型“好人”

从行为角度来看，我们之所以会养成一个习惯，是因为这个习惯能够让我们适应一种环境。习惯型讨好者的讨好行为很大程度上是为了适应环境。正如有的人通过生气让身边的人让步，讨好者则通过讨好身边的人以获得其他帮助或是避免伤害。

但是这种行为模式可能是在某种环境下培养而成的，比如，在较权威或暴力的家庭，孩子为了得到认可和避免伤害，进而慢慢变得极为顺从。当环境改变时，他们依旧使用同样的方式处理身边的人际关系。这类讨好者更多是习惯上的问题。

情感逃避型“好人”

情感逃避型讨好者大多是将自己的“好”作为情感盔甲，让自己避免应对消极情感。他们害怕自己拒绝别人后，下次还会遭受同样的拒绝；他们担心批评别人之后，别人会计较，甚至是记仇；他们畏惧对别人表达愤怒之后，别人会对他们进行打击报复。

结果很明显。在这种状态下，因为缺少关于冲突的解决案例，情感逃避型讨好者非常容易把自我的控制权让出去，交给那些对他们友善，或者让他们恐惧，抑或是支配他们的人。

做一个“好人”并没有错，但是也要意识到，别人的需求是无限的，而讨好者相应的资源是有限的。如果我们不懂如何拒绝别人、如何保障自己的利益，那么，我们就会奔波在为他人而活的路上。

我们该如何避免让自己成为一个“滥”好人呢？我觉得可以从这几个方面进行努力。

（1）不要把自己的意愿强加给外界

不要把自己的意愿强加给外界。世界并不会因为你付出，就给出你想要的结果。所以，任何人都不要奢求别人会给自己回报。当我们能做到这点时，讨好的倾向就好了一大半。如果别人对我们的付出不屑一顾，我们更不该继续用

“应该”的思维行事，而是果断地停止。

当我们对别人有需求时，我们要想着先满足对方。固执地以为只要对别人好，进而会得到别人的好，这只会让我们感到失望和怨恨。所以，坦然地接受自己的付出，但是不要抱有别人能够回报的想法，我们就能够较好地控制自己的讨好偏向。

（2）重构我们的自尊来源

自尊有三种——依赖性自尊、独立性自尊和无条件自尊。依赖性自尊指的是依靠外界对我们肯定的评价而建立起来的；独立性自尊依靠的是自我行事的准则。虽然，人的自尊很大部分是依赖性自尊，而讨好者习惯把别人的认可和为别人做事当作自尊的来源，有很小部分的独立性自尊。

讨好者更倾向于通过消耗自己达到被认可的目的，而拥有独立自尊的人通过努力来达到被人认可的目的。重构我们的自尊来源，本质上是将消耗转化为建立。努力向别人说“不”，减少自己精力和时间消耗，把更多的资源投向提升自己。在进步中慢慢获得独立性自尊，降低依赖性自尊的比例。

（3）绝不放弃表达愤怒的权利

如果你不学会拒绝，那么别人就无法知道你的边界在哪里。如果你不会表达愤怒，那么别人就很难知道你的底线在哪里。通过示好避免发生冲突，不仅是脆弱、不稳定的人际关系的征兆，而且还会严重损害人际关系的健康发展。

示好只是一种负面情绪的逃避策略，它只能短暂奏效，时间久了依然会引发愤怒和冲突。我们只有敢于面对负面情绪，才能慢慢地学会如何有效地表达自己的情感和需求。逃避拒绝、抵触畏惧感，只会带来更多的损失。

没有否定权的人，实际上也是没有投票权的人。想要获得真正的尊重，我认为还是需要以自我作为努力的中心，而不是他人优先。希望以上文字能够带给你些许认知上的改变。

第十章

次级控制：

从改变世界向改变自己转化

改变世界对应着初级控制，改变自己对应着次级控制。前者往往难以实现，后者更具有可行性。所以，我们要先把更多的精力花在如何完善自己。改变自己的过程，本身也是在慢慢改变世界。

有效比较：努力读书真的没有意义吗？

曾经有个读者给我来信，写道：

> 我是一个普通大学的学生，在工作和考研中纠结。因为我每个方面都不突出，学习能力也一般，又深知学历的重要性，但是听说别人非常重视第一学历，我还有没有必要努力考研？而且，我也害怕自己考不上，让自己和父母失望。

首先，我们要知道读书的意义是什么？从功能上说，它有四个作用。

描述

“描述”这个层面的知识是让我们知道一些东西。你知道天是蓝色的，“信息”的英文是information。描述性知识是人的认知基础，毕竟任何人都不能理解自己不知道的东西。积累足够多的描述性知识，有利于我们产生灵感和深化对事物的理解。

解释

描述性知识更像是认识事物的表象，而解释性知识则是更为接近本质的知识，可以大大减少我们的无知感。我们明白天为什么是蓝色的、一些灵异现象是怎么产生的、魔术的原理是什么……这些知识可以让我们避免被欺骗，获得对世界的控制感和安全感。

预测

预测性知识是在解释性知识基础上发展而来的。比如我们的初中数学题：小明以5米每秒的速度前进，你可以预测他10秒后在哪里；或者知道大气污染物扩散的高斯模型，你可以预测污染物排放后大概的运动路径。

预测性知识属于较为高级的知识，可以很好地指导我们的生产行为，降低成本和避免一些错误。

控制

“控制”是知识的最高级形态。当人们学会牛顿定律时，我们在设计桥梁时知道哪里更为薄弱，进而提前加固。如果我们知道拖延症的心理学原理，就可以预测和控制自己的行为，减少拖延。

读书之所以能够改变命运，是因为读书能够让我们更好地理解这个世界，并且预测接下来的变化，做一个低配版“先知”，少犯错误。

我知道烧烤过程中有机物（肉和菜）在高温炙烤下会产生反应，生成苯并芘致癌，所以我克制着自己的“吃货属性”，知识让我更理性、更健康；我知道用故事说服人比数据更有用，所以我在演讲时会多说故事，提升说服力；我也知道很多心理学知识，所以我比别人更自律，学习效率也更高，知识让我更聪明。

知识在很大程度上帮助我们活得更好，犯更少的错误。但是，我们也要知道，这个世界并不是“理想状态”，也并没有“其他条件不变”这样的设定。我们被灌输了太多“理想状态”的教育，但是这个世界总是以各种例外告诉我们现实是不讲道理的。

苦读十几年，大学毕业，可能工资抵不过路边的小摊贩；卖房创业，结果房价暴涨后我们可能一辈子都赚不回来；自己的付出比别人多几倍，可学习成绩还是处于中游……

这个世界并不是绝对公平的，并不是努力了就一定会有好的结果。我们很难保证自己的知识绝对正确，因为在复杂的系统中，我们的世界有着混沌的运行方式。一种行为带来的结果可能性太多，而且系统越复杂，决策与结果的关系越弱，我们的预测“超能力”效果也越差。

读书无法保证我们能做好一件事，可是会增加我们做各种事情成功的概率。毕竟，这个世界没有定律，但是有规律。

我的堂弟以前发给我一张漫画，图片中有两个人在挖井，他们两个人离成功都只有一步之遥，但是有一个人选择了放弃，另一个人选择了坚持。结果显而易见。但是，我们也应该想到有另一种可能，那就是坚持挖井的人依然没有挖到水，而选择放弃的人在不远的地方看到了一条河。

如果你知道各种地理知识，你就可以更好地判断这个地方是否有水；如果你知识深度够，甚至可以判断地下水的大致深度，这样就可以避免很多无用功，以及知道自己是否需要放弃，不用让运气决定自己的命运，不是吗？

我看过一句话：“正确的判断来自痛苦的经验，而痛苦的经验来自错误的判断。”但是别人已经帮我们踩了雷，我们的正确判断也可以来自别人的痛苦经验。

读书不是向上层阶级流动的唯一方式，因为这个世界并不是教科书中常提到的“理想状态”。但是，读书绝对能够让我们变得更好，因为我们可以变成低配版“先知”，进而减少错误，降低在这个世界的生存成本。

学历的作用是什么？它更多的意义是能力的指标。一定程度上，它可以判别我们的基本学习能力的强弱，以及我们是否比别人优秀。

一群大学生都想应聘某家公司，他们对着HR说“我学习能力很强，沟通能力一流，专业技能满分”。HR该怎么做？他会要求我们拿出证据，证明自己没有虚言。毕竟空话谁都可以说。所以，面试者就会拿出各种证明自己优秀的指标——学历、绩点、奖状、工作经验等。

通过这些可以量化的指标判断面试者是否满足应聘要求，是一个非常节约成本的做法。你能够大学毕业证明你有大学生水平的学习能力；你能够获得挑战杯国赛奖杯证明你有一定的专业能力；你有管理工作经验证明你有一定的沟通能力。通过这些指标进行层层筛选，进而获得最优秀的人，也极大地降低了招聘者的试错成本。

但是，这些指标必须要有效度（有效性），才能够保证筛选过程不会出错。人们更看重第一学历，一定程度上也是因为第二学历缺乏有效度。考研是一场不完全竞争——很多优秀的人选择了保研、出国以及工作。再加上考研的专业方向有划分，所要面临的竞争对象主体是二本学生、普通一本学生和极少的‘985”“211”学生，还有一个是复习时间差异明显，有人复习4年，有人复习4个月。种种差异，使考研（比高考）缺乏足够的有效度。

高考相对来说是一场更为完全的竞争，它在反映个人学习能力上比考研更有效。所以，在缺乏证明你足够优秀的指标时，第一学历会比第二学历更优先考虑。毕竟人家没读研并不能说明人家能力有问题，有各种可以理解的原因。

另一个就是可信度（稳定性）问题。我们初中时经常做过的数学题。

有两个射击选手：

一号的成绩是：6、9、10、7。

二号的成绩是：8、8、8、8。

你要从两个选手中选一个参加比赛，你会选择哪一个？

我想人们都会选择成绩好的。当两人成绩相当时，选择稳定发挥的。招聘工作也是如此，当我没有其他能够证明“我在变好且优于第一学历”时，企业则倾向于招聘“一直优秀”的人，至少犯错的概率会低得多。我的总分（多个硕士学历）看上去可能比其他人多一些，但也可能是优秀的人少开了一枪的结果，而他们的平均分和表现的稳定性并不比我们低。

但是招聘者看重第一学历，三本学生就不可以通过考研改变自己的命运吗？不是的！

我在前面强调了，招聘者看重第一学历是相信它的有效度和可信度。在没有足够的证据时，它能够在一定程度上帮助他们判断一个员工是否优秀，是否值得录用。但是，当你能够拿出更多的指标证明自己的优秀时，招聘者也就不必依靠单一的指标衡量你的价值，也更敢放心聘用你。

如果你考上了研究生，然后发表的论文被收录进SCI，或者拿了国家级奖项，抑或是有非常丰富的工作经验，那么这些新的指标可以替代你的第一学历指标。但是，当你没有足够的指标时，第一学历就是最优先考虑的选项。

另外，我们要充分理解自己的定位。考个高水平高校的研究生之后，我们不一定能够比一些优秀高校毕业的学生更有竞争力，但是我们可以比普通高校的本科生更有竞争力，也比普通高校的研究生更被认可。即使上的是普通高校研究生，当招聘硬性要求为硕士毕业时，“985”“211”的本科生也很难是你的对手。

应聘是否成功的关键因素还是你是否有证明自己优秀的指标。那些“第一学历决定论”的说法看看就好，我觉得更像是实力不够的人的说辞。

利益链：在消费主义思潮中保持清醒

我读到过一句非常有意思的话："为什么那么多服装品牌和商店都在强调越瘦越美？因为他们可以省下更多布料。"虽然时尚品牌强调以瘦为美并不是为了省下更多的布料，但不得不重视的是：每个被社会强调并且不断宣传的问题和概念，背后大多有一条利益链。

阿兰·德波顿（Alain de Botton）在《身份的焦虑》中说，大众媒体的发展让我们对自己的期望值越来越高。这种期望让我们丧失对当下的满意，进而不愿意承认自然衰老，也不愿意承认自己的平凡和有限。

这两年自媒体的发展，更是大大加重了人们的"身份焦虑"。这种"让自己变得更美好"的愿望并没有错误，但是我们不得不重视消费主义带来的负面情绪。

商人为了把产品卖出去，一定会说自己的商品有多好。但是这种"自卖自夸"的方式，在商品信息越来越对称的网络环境中慢慢失去了效用。于是，他们想出了"消费定义你的身份"这种方式引导你购买商品。

有句话是这样说的："人的本质是一切关系之和。"我们对自己的认识需要外界的反馈，这些反馈的总和就是你的身份认同。如果得不到外界的关爱或者认同，我们就会感到痛苦和不满。商人试图利用我们的这种心理，鼓吹"人的身份由消费定义"，以此满足消费者自我认同的需要。

商人创造出非常多的"标准"定义你的身份，比如你是否精致、是否优秀、是否幸福。但是，这些标准并不是固定的，而是根据商品的"价值"调整。这些标准让你自以为活成了"自己想要的样子"，实际上则是"商人希望你成为的样子"。

我曾经在地铁里看到一个人，满身都穿着名牌。我之所以知道都是名牌，是因为他的每件着装都有一个大大的品牌标志，而且颜色和风格都比较艳俗浮夸。我偷偷搜索了一下，发现这个人全身穿着的品牌加起来要3万多元。不能否认的是，奢侈品的品质和设计确实高于一般商品，但是其溢价依旧是品牌带来的归属感，让人们借此减轻身份的焦虑。

设想中的取得某种成就或购买某种商品后获得满足的情形

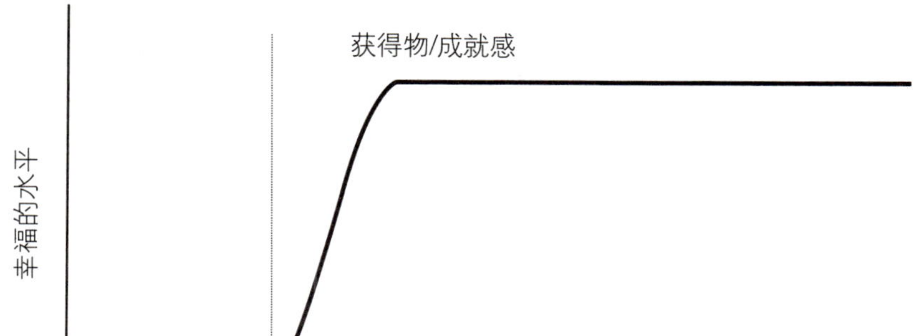

在取得某种成就或购买某种商品后的真正情形

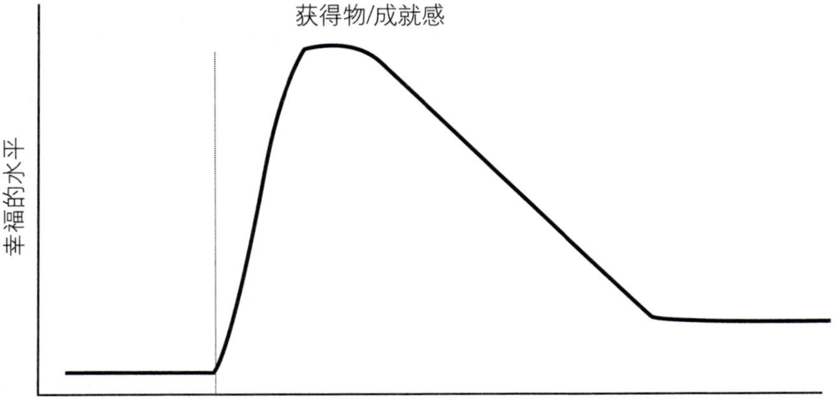

资料来源：阿兰·德波顿著，陈广兴、南治国译，《身份的焦虑》，上海译文出版社，2018年。

电视上曾经有一个手机广告，大概内容是“8888元镶钻手机，彰显你的尊贵”。这是比奢侈品营销更为赤裸裸的消费主义。但是，我们也需要理解，这是一个内心匮乏的人试图用消费的形式装满自己的内心。如果人们没有这种需求，那么商人也无法继续下去。

如果广告对我们没有任何影响，那么它也就不会从无到有，再成为一个万亿级别的市场，并且延伸出极多的上下游产业。正如阿兰·德波顿在《身份的焦虑》一书中所强调的，新的媒介所传达的内容和信息助长了我们对生活的渴望，穿插在节目中的广告更是推波助澜。

我以前看过一段关于爱情的话：“既然只是需要一个拥抱，千万要克制自己的人性，否则接下来就是要一个吻、要一个钻戒、要一个房子，到头来你会发现自己真正需要的仅仅是一个拥抱。等到你发觉自己的贪心时，才发现自己拥有太多不需要的，也失去了自己最需要的。”

这段话同样适用于我们生活中的其他方面。我们在无所不在的广告的轰击下，慢慢地提升了幸福的标准，落入商人的圈套中，最终失去了真实的自我需求，权力感也被大大提高。这让我们变得“身在福中不知福”。在我看来，人最重要的是知道自己要什么，每每渴望新鲜事物时，问问自己那是否真的是自己需要的……

无谓的比较：不要被思维的笼子框住

众所皆知，心理学上有一个“鸟笼效应”。卖鸟的商人送给你一个非常漂亮的鸟笼，你挂在了家里，每次客人来了都会问：“你的鸟死了吗？”你必须解释自己并没有养鸟。最后，你不胜其烦，于是选择买一只金丝雀。

实际上，商人试图创造这种框住人们思维的笼子，让人们觉得必须购买一只“鸟”，满足这个笼子。这个笼子就是我们的身份认同，告诉我们“你应该是这样的，否则不匹配你的身份”。慢慢地，你受不了这种一次又一次的宣传，最后选择买一只又一只“鸟”。

这个过程并没有不合理的地方。你取悦了自己，商人卖出了商品。只不过，你可能不小心为某件商品花了半个月工资。

我们总是试图寻找自己的与众不同之处，就像很多人都认为自己生日那天有多特殊一样。我们进入自身特殊性的寻找过程中，也陷入了消费主义的陷阱。我们给了自己一个“自身特殊性”的笼子，而商人则利用这个笼子，让你不断购买商品。

当你发现有人和你一样夺目时，你就开始攀比。这种攀比就像一些小女孩的衣服越穿越少、裙子越来越短一样，只是试图夺得更多的眼球。

很多人的消费并不是基于需要，而是为了维护自己的社交形象。他们想让人觉得自己精致、自由和享受生活。记得去年年初的时候，我看了很多新闻，说的是很多人受一些视频影响，花了成千上万元去了一个网红城市，后来发现那个城市并没有想象中那么好；也有很多人为了发一个视频，花上几个小时做一顿摆拍的晚餐，最后，吃着吃着就哭了起来，问自己到底为何而活？

一个人的自我认知需要外界的反馈，然后根据反馈调整自己的行为和想法。就像讲了笑话，如果其他人没笑，我们就很难知道这个笑话到底好不好笑。当人们觉得不好笑时，我们就不会再讲了。

同样地，如果外界一直反馈我们做某件事情可以得到尊重，可以得到关爱，我们就会追求。人们试图追求奢侈品也是这个原因，我们当前处于温饱有余、奢侈不足的社会。所以，奢侈品成为人们追求和比较的对象。这就像30多年前，电视机是少数人家用得起的，买一台电视机能够得到更多的关注和尊重。当电视机成为普通商品时，我们不再觉得电视机能够体现一个人的身份。随着这种模式的变迁，服装类奢侈品代替了自行车、电视机这些商品。

人类物质生活越发丰富，可人们一无所有的感觉却越来越强烈。比较到底是好是坏，我并不想下什么结论，毕竟那是一种促进自身努力的动力。怎样让自己既有动力，又不会陷入无尽的烦恼之中，也是每个人需要面对的课题。

背景预设：媒体是如何影响我们的情绪的？

我曾经看过一个视频，内容是提问男性最看重终身伴侣的什么品质。视频的背景音乐是一首较为柔和的音乐，采访过程中回答者并没有太多的表情，更像是在表达自己的观点。但是，底下很多评论认为这个回答者像是很有故事的人，感觉很深情。

不久，我在同一个平台看到了同样的视频，但是这个视频和之前的那个有些不同，采访的背景音乐被换成了一首偏调皮的音乐，还给回答者戴上了墨镜和金项链。我也好奇地打开了评论，发现评论区大多数是“这个男生‘求生欲’很强”。

明明是同一个视频，只是背景音乐被替换了，人的情感变化为什么会那么大呢？

因为我们大脑的进化从来就是为了让我们更好地生存，而不是思考令人头疼的相对论或者高等数学。比起文字，我们的大脑更能够接受生动的画面，以及有吸引力的声音。

大学时期，有个同学沉迷于一个短视频平台，常常一整天刷个不停，并且时不时地发出爆笑。他也经常给我分享一些看上去还不错的视频。不得不说，视频里面有创意的人很多，但是大多数视频并不值得观赏，因为很无聊。

有一次，他给我分享视频时，我给了他一个建议，那就是关掉声音再看这些视频。他说关掉音乐看这些就没有那种好玩的感觉了。那么，为什么关掉音乐会觉得这个视频“不好玩”了呢？

因为这样的视频本身就没趣，只是音乐将信息杂糅在一起，削弱了我们的思维能力，让我们觉得它“看上去”有趣。动物学家福克斯曾经做了一个实验，他们把录音机绑在臭鼬玩具上，而臭鼬是雌火鸡的天敌，一般见面就会打架。但是只要录音机播放火鸡宝宝的“叽叽”声，雌火鸡就会停止攻击，甚至会主动把臭鼬玩具收拢到翅膀下面。而录音机一关闭，雌火鸡就会立刻展开攻击。

实际上，我也看过一些关于幼猫叫声唤来母猫的视频。只要用手机播放幼猫的声音，母猫就会循着声音寻找，即使非常怕生的猫也会主动靠近声音源。这是因为幼崽的声音会让母猫的母爱泛滥。这种声音印刻在了它们的生物本能中，一旦听到特定的声音，就会不自觉地产生反应。

那么，人类是否也存在这样的本能呢？答案是肯定的，而且一点也不因为我们是人类，就表现得更为克制和理性。

以前，我们看一些情景喜剧的时候，经常会听到模仿观众发笑的“背景笑声”。这种笑声出现时饱受批评，很多人甚至是出演者也认为它让作品看上去非常粗糙和虚假。即使多方反对，这种方式还是被保留下来并且在实践中“发扬光大”。因为足够的证据显示，同样一个喜剧节目，观看使用“背景笑声”的观众，笑得更持久、更频繁，并且认为节目更有趣。而且，笑话越糟糕，“背景笑声”的威力越大。

实际上，短视频的背景音乐也起到了“背景笑声”的作用。它让我们不假思索地跟着它的节奏，这也是我的同学关闭声音后看那些视频觉得无趣的原因。当背景音乐是夸张的大笑时，我们很容易被笑声所感染；当背景音乐是伤感的乐曲时，我们很容易感受到作者的低沉；当背景音乐是“神转折”类型时，我们则在视频中搜索转折点。

然而，这些都不是因为视频本身多有趣，而是我们被背景预设的情绪所感染，不自觉地认为它有趣。这也是社会媒体常用的影响我们情绪的方式。

我们在观看一些动漫的时候，经常能够看到一拳把地面打出个大洞，一脚把人踹飞十几米。我们一般不会认为这些不合理，因为动漫在一开始就告诉了我们这个设定，在这个设定下的二次元世界就是合理的。

背景设定的作用之一是让表达者的表达内容合理化。但是，这并不意味着他所说的是对的。只是，他想把我们拉到他所设定的情景里，用他所认同的规则约束和影响我们。

如果传媒给我们的信息不会改变我们的认知，那么广告行业则不会那么发达，所以任何时候，我们都不要过分相信自己的判断力，因为我们的判断力已经受到社会的影响了。

赫胥黎在《美丽新世界》里预言：未来世界的人在汪洋如海的信息中日益变得自私和被动，他们的文化成为充满感官刺激、欲望和无规则游戏的庸俗文化，真理被淹没在无聊和烦琐之中。我希望认真的人可以成为维护思考最后的一堵墙。

暗理性

第十一章

多面共体：

理解生活中的不同

这个世界充满了多样性，很多事情我们不能理解，甚至没见过，但是我们也要抱着开放的心态去看待，不要让思维的局限性变成一种负担。

多元身份：为什么很多人不爱发朋友圈？

确实存在一些人因为生活太精彩而觉得没必要发“朋友圈”，但我认识的很多人非常优秀，可还是非常喜欢发朋友圈。所以，优秀貌似并不影响一个人爱不爱发朋友圈。

有很多人只是懒得对好友进行细致分类罢了。这就像我们敢在朋友面前侃侃而谈，却不敢在众人面前演讲相同的内容。

朋友圈就像古时候的一条街，有的人在说书讲道理，有的人在晒娃，有的人在秀恩爱，有的人在上面“开商店”，有的人搬了小板凳在路边调侃，有的人忙着种田不上街。说到底，朋友圈还是一块“公地”，有公地的特性。

我们在家里会乱扔臭袜子，却不会在大马路上光着脚丫。因为人处于公地的环境中，就会做更多的形象管理。因为我们知道，稍微做得不适当，就会引得别人侧目。我们越来越不爱发朋友圈了，更多是因为我们觉得形象管理的成本随着添加的好友多了而提高。

我们对待不同的人会采用不同的社会性格。人在社会性格上基本分为三种：子我、朋我、父我。

当我们处于社交关系的被动级，我们的社会性格倾向于“子我”，会表现出更多的乖巧和温顺。当我们的父辈、老师或者上司和我们交流时，我们会倾向于表现出这种性格。也就是说，我们对待社会地位高于我们或者觉得值得我们信任的人时，就会表现出服从，属于信息交流的输入方。

另一种情况，当我们面对社会地位不如我们，或者当对方无法让我们感受到信任时，我们会倾向于输出自己的观念，表现出“父我”性格，希望对方能顺从我们的观点和行为，就像教育孩子一样，在其面前具有一定权威性。

最后一种情况是“朋我”。“朋我”的社会关系是双方呈现出对等的信息交换和互相认可，像普通朋友一样互相交流，没有明显的主导对象和被主导对象。

当一个社交软件兴起时，我们首先添加的基本是我们会表现出“朋我”性格的人群，也就是我们最好的那些朋友，能够相互尊重，相互理解。这个时候，我们所表达的观点和想法，即使不会得到赞同，也会得到他们的尊重和理解，所以我们更愿意发表自己的看法和日常。

但是随着我们添加的人数越来越多，当我们继续采用以前“朋我”性格输出信息，总感觉有点不对。这就像你是一个在学生面前表现得非常严肃的

“抓谈恋爱”的主任，却在朋友圈表现得幽默风趣，这时就容易造成自我同一性的混乱。

换句话说，当我们面对一个太大的群体，我们在发朋友圈时，不知道应该用哪一种社会性格面对。这种感受与当众发言类似，很多人都会感到不安。尤其是添加了自己父母为好友之后，我们更是不知道发什么好。因为无论我们发什么，都容易造成自我同一性混乱。

我们对待不同的人有不同的信任水平，不同的信任水平决定了我们自我表露的程度。当我们对一个人越是信任，我们越会对其表露更多的心声。但是，如果没有对好友进行分类和区别对待，我们也容易产生纠结——会不会让××知道太多了？

但是，朋友圈有着公地的性质，如果没有朋友圈的好友分类，相信微信的朋友圈活跃度也会断崖式下降。所以，我们看到微信现在的版本在添加时，具有分类的功能。

那些不喜欢发朋友圈的人和纠结于发不发的人，要么是没有对好友进行细致分类，要么是因为添加的人真的太多而不想分类。

实际上，生活中有非常多类似“发朋友圈”的场景。比如一个陌生聚会，因为面对群体比较多样，为了避免犯错，大多数人会选择少说话。有的人不爱说话的原因，主要是不知道应该用什么态度、什么内容表达自己。如果想让他们多参与互动，反而会尴尬。所以，对这些行为差异多一些理解，可以避免一些不必要的问题产生。

成长思维：人的差别因何而来？

我的一位读者和我反馈：他自己很努力，但是成绩却比别人差很多，他产生了一种无力感，开始抱怨，甚至对学习失去了兴趣。他认为自己没有学习的天赋，不适合学习。

但实际中，我们更应该认同努力，而不是将自己的不足归因到天赋之中。

① 从个人层面看，可以用心理学家韦纳（B. Weiner）的“朴素的归因理论”解释。

对于每一个上进的人，用这种归因方式让自己努力和上进都是可取的。韦纳认为能力、努力、任务难度和运气，是人们在解释成功或失败的四个主要原因，并且将这四个原因分为控制点、稳定性和可控性三个维度，每个维度对动机都有重要影响。将成功归因为内部维度（能力、努力），可以让个体产生自豪感，进而提高动机水平。如果这种内部维度是可控的，更能够让人们积极争取成功。

将成功归因为自己的努力，这种内部—不稳定—可控因素，就会促使他继续努力，进而取得更好的成绩。将失败归因于自己的天赋，这是内部—稳定—不可控因素，这样一个人很容易自暴自弃，找到不努力的理由——“努力也没用”，也就不会有所提高。

德威克认为，将学生的注意力集中在所付出的努力大小和策略的运用上，集中于掌握知识，更能促进学生的全面发展。如果过度放在比较上，学生就会将学习成绩视为表现自己的工具，进而产生依赖性自尊，不利于学生独立和成长。

部分人在决定努力或者不努力的时候，思考维度上存在一个错误，我们更应该比较不努力和努力后的结果，而不是努力后的自己与不努力的别人的差距。这也是拥有成长动机和表现动机的人的区别所在，前者能够带来持续的进步，后者容易陷入怨天尤人。

② 从群体层面而言，天赋带来的是差异，而不是差距。

这种差异的体现需要环境的作用，努力的人能够主动适应环境，甚至寻找适合自己的环境，这点比天赋更重要。天赋决定我们有没有一种能力，但是环境决定了这种能力发展的方向。比如，我们的先天遗传决定我们能不能说话，但是我们会说什么语言，却需要依赖我们的环境。

天赋的高低只是限制了我们的潜力和给了我们一定的不足，它无法规定我们的思想、感受和行为。通过改变行为方式和所处环境，我们可以打开或者压制某些先天因素的作用，进而在生物潜力范围内提高自己的能力。

比起天赋，我更喜欢适应性对个体发展的作用。在海岛上会飞的昆虫更容易被吹到海中，反而是那些不会飞的昆虫更具有适应性，存活的概率更高。

成绩好的人可能并不是因为他天赋高，而是他更适应这种环境，更适合应试模式。成绩差的人也不一定是天赋低，而是还不能适应这种环境。

当大学学习环境不再和高中一样，曾经的天之骄子表现变差了，不是他们天赋不好，而是不适应新环境导致的。能够有一定地位的人也不一定是最聪明的，而是适应了社会的环境。

在一个人的成长和发展的道路上，能够找到适合自己的环境往往也能够比天赋高的人创造出更大的价值。从功能上来说，提倡自由的作用也是如此，它能让每个人有机会寻找自己适应的环境和领域，进而创造更多价值。

③ 从社会层面上分析，贬低天赋是在人的平等权上的努力。

哥白尼否定了地心说之所以会受到猛烈攻击，是因为他动摇了宗教统治者的基础，毕竟他们对社会管理权力的天然来源之一是建立在地球的特殊性上。达尔文的进化论否定了神创论则进一步否定了人的特殊性，再一次打击了宗教统治者统治权力的天然合法性。

作为一个曾发出“王侯将相宁有种乎”观点的国度，也就不奇怪会竭力否定先天的影响，这种思想主要想鼓励人们上进和努力，达到创造更多社会财富的目的。在其他国家，贬低天赋的作用是为了消除种族偏见，以达到平权的作用，毕竟它们遭受了太多因为夸大先天（种族差异）带来的灾难。

上帝偏爱“钟形曲线”，大多数人都是普通人，稍微努力就可以超过其他人。所以，我们绝不因为某个方面不如人就放弃努力，我们更需要比较的是不努力的自己与努力的自己，而不是其他人。绝大部分情况下，先天因素带来的是差异而不是差距。这种差异在不适合我们的领域或环境中会变成佼佼者。

罗尔斯在其《正义论》中写道：

> 一个正义的社会应当是：那些尚未被赋予肉体的灵魂在知道自己可能会被分配到劣等基因的情况下，依然希望投身其中的社会。

即使我们的基因带来的是差距而不是差异，那么努力的意义更在于此——我们不再幻想着摆脱先天带来的不足，而是在认识到自己的不足时，依然能够有计划、有希望地改变和利用这些不足。

沉默型人格：为什么你不喜欢社交？

健谈但是不喜欢社交，这是一个常见的趋避问题。

心理学家尼尔·米勒将我们生活中常见的选择冲突总结为三种：

第一种冲突是双驱冲突。我们只能在两个都想要的选择中选择一个。比如，我们在多个追求者中只能选择一个，这就是常见的“鱼与熊掌不可得兼”的问题。

第二种冲突是双避冲突。我们必须在两个都不想要的选择中选一个。比如，你生病了，可你又害怕打针，生病与打针你都不想要，但是你必须选一个。这种问题是最痛苦的，但是解决难度并不是很大。

第三种冲突是趋避冲突。我们必须决定是否选择一个既有好处，但是也有坏处的目标。这也就是哈姆雷特式“to be or not to be”的难题。

那些健谈但是不喜欢任何形式社交的人属于趋避冲突的类型，让人想但是又让人不想。那么，社交的趋因（好处）和避因（坏处）都有哪些呢？

从心理学家邓巴的角度来看，他认为语言的产生关键作用在于维系群体的关系。社交作为语言表达的延伸，其功能是基于维系关系。社交的好处也在于此．其能够帮助我们获得更多的信息和帮助，进而增加种群的生存概率。

但是，社交也有很大坏处，那就是我们需要接受更多的社会约束。这种约束是建立在维系社会关系之上的。当我们融入一个群体时，需要付出资源并且接受对方对我们“是敌是友”的评价。这种评价会带给我们更多的行为约束和心理压力。

从本能上看，人对社交的需求是非常必要的。在没有文字之前，人们交流信息的途径便是社交。从别人口中获得关于世界的“二手信息”，可以降低我们试错的成本。别人告诉我们“狮子是危险的，看到就要逃跑”，如果我们不听，就会为此付出代价。

但是，我们的生活节奏越来越快，以至于很多本能不能跟上我们时代的变化。其中包括对社交的需求问题。从关系的维系方面，社交功能依然存在，但是对我们生死存亡的重要性却降低了很多。

一方面，我们获得信息的渠道不再单纯依靠社交。我们可以通过书籍文字、网络媒体获得足够的信息了解世界，这两个渠道大大降低了我们对社交的生理和心理需求。

另一方面，社会的发达程度已经可以让我们不需要太多的外部支持也能够生存。在以往生产力低下且信息渠道有限的社会，人们不得不依靠社交获得信息和帮助，维系生存。对于他们来说，社交是必需品。

现在，我们不再刻意融入一个群体也能够获得足够的生存资源，社交对我们的生存价值也打了折扣。

所以，善于社交但是不喜欢社交，本质是社会发达带来的现象。社交与否对生存的影响不再是我们做的重要趋因，而社会评价及为群体付出的避因开始主导我们的选择。所以，出现了越来越多的沉默型人格。

害怕失败：别让“偶像包袱”束缚你的手脚

比起现实社会，校园像一个温室，而我们前20年正是在这个温室里长大，这种顺境对我们来说，反而是一种揠苗助长，让我们对这个世界产生太多的认知偏差，也不容易看清自己。

在过度的比较中，我们被要求做得更好，要求赢得别人的认可。正是这个过程，让我们慢慢背上了一个“偶像包袱”，我们害怕考试成绩不好被责怪，害怕演讲口误被嘲笑，害怕被心上人拒绝，害怕在同学面前抬不起头，越来越不敢尝试，进而限制了自己的可能性。

我希望你能放下这个不该背上的偶像包袱。

电影《东邪西毒》里，欧阳锋有一句台词让人印象非常深刻：

> 你这种年轻人我见多了，懂一点武功就以为可以横行天下，其实走江湖是一件很痛苦的事情。会武功又如何，有很多事情不能做。你不想耕田吧，又不齿于打劫，更不想抛头露面在街头卖艺，你怎么

生活？武艺高强也得吃饭啊。

《东邪西毒》里，年轻人的偶像包袱是练功带来的，而我们的偶像包袱是读书带来的。我们所受的教育让我们不愿意尝试社会地位低的工作，更以为自己可以轻易走上人生巅峰。然而，当我们真正走到社会中，分分钟被教做人时，我们已经付出了成长的代价。

太多人都受到自己偶像包袱的拖累，它就像一个锚，让我们只能在一个范围内活动。当我们想要尝试进入更大的世界时，它会狠狠地把你拽回来。我们害怕别人的眼光，更害怕失败后的“人设”崩塌。

很多人觉得《哈利·波特》里，伏地魔败给哈利·波特的原因是伏地魔不懂“爱的力量”。实际上，伏地魔更多是败给自己的偶像包袱太重。他为了自己的人设——最强大的黑魔法师，为了证明哈利·波特不是自己的克星，要用哈利·波特的血作为自己复活的祭品，硬是要亲手杀死哈利·波特才甘心，进而导致自己一次又一次地失败。

偶像包袱就像一剂可怕的毒药，最先毁掉的是我们在很多方面的可能性，让我们像个扭扭捏捏的小姑娘。从一些明星在出名之前的很多作品里，都能够依稀看到演技，但是出名之后反而演技不在线。我相信不是他们不会演了，而是偶像包袱重了，他们不敢有大的表情、大的动作，怕的是“黑照”满天飞，也害怕毁了自己美好的人设。

练了功很多事都不能做，读了书很多事也做不得。但是，这种做不得更多是自己不愿意做，自我的约束感太强所导致。实习工作脏点、累点就各种不愿意做，路子野一点就扭扭捏捏不愿意去试，别人指责几句就不敢坚持。在没有办法时却还总想着以高姿态死撑着，最后被自己的“包袱”所累。

在二十几岁的年纪，我们大多是在上大学，大学的作用是我们从学生变成社会人的过渡和缓冲。这个社会化的过程是一个我们发现自己的过程，开拓可能性的过程。我们可以通过进入学生会看自己是否有领导才能，可以加入社团发展自己的爱好，可以继续努力学习强化技能。

然而，这本来是一个开拓的过程，偶像包袱会让我们失去很多机会，我们太害怕失败后的丢人，所以不敢尝试，以至于失去了各种可能性，直至大学毕业了也没有多少长进。我不希望这是你的生活。

放下偶像包袱尝试更多的可能性吧，我相信未来属于那些敢于弄脏自己双手的人！

后记

选择性注意：

你所看到的世界决定着你的高度

主啊，请赐予我们宁静以坦对无奈，赐予我们勇气以革除痼疾，请赐予我们智慧以明辨两者。

——雷茵霍尔德·尼布尔（Reinhold Niebuhr）

人的思维和行为并不是根据客观情景而存在的，很大程度上还会受到主观构建的影响。所以，我朋友在看到一朵云的时候，总觉得像是我欠他的200元钱。

这种主观构建的世界基于我们的“选择性注意”。我们可以试着停下手头的工作，闭上眼睛，放缓呼吸；可以听到很多在我们认真看书时听不到的声音；可以感受到手压在桌子上的压力；可以感受到自己的心跳和脉搏；可以感知我们平时不大注意的事物。

这些感受一直存在，但是我们不想注意的时候，它们就会自动“消失”在我们的认知和感受中。同样地，在对事物的解读上，我们也深受选择性注意的影响。我们的认知资源非常有限，如果不能屏蔽掉过多的信息，选择足够重要的信息，我们就容易使自己淹没在琐碎之中。选择性注意可以让我们避免被过载的信息击垮。

有勇气改变可以改变的事情

我们的信念影响着我们的行为。如果一件事情本来还有希望，我们却认为没有机会，那么这个信念就会让我们将注意力放在为自己找借口上，而不是继续寻找办法。

加州大学做过一个心理学实验。研究者将电极绑在志愿者头上，并且告知他们将对电极通电，可能会出现严重的头痛现象。结果34个志愿者中有23个志愿者出现了头痛现象，但事实上研究人员并没有通电，仅仅是一个预期，就将志愿者的注意力放在证明自己受伤上。

我经常收到一些信息："我得了抑郁症，这辈子都是废人了。"这种信念会让他们把注意力放在每次失意后为自己找理由开脱，并且拒绝一切改变。当他们认为自己"没救了"时，就不可能进行更多尝试，也不愿意努力。

让我们生活变得更好或者更坏的，并不是我们的悲观和乐观态度，而是我们是否产生"愿意"的行为。试想一下，你即将登上一艘游艇出航，你是一个悲观主义者，可以因为害怕船沉了选择不上船，但是你也可以因为害怕船沉了而选择带上游泳衣。只要态度是愿意尝试而不是推托，你便可以尝试更多的机会，让自己慢慢变好。

有接受不可改变之事的胸怀

我们所经历过的很多事情并不会改变，很多让我们难过的事情也不能解决。但我们还是会慢慢地走出悲伤，因为这些难过的、令人受伤的事情终归会成为我们的“背景音”。

在999只黄猴子中出现了一只白猴子，我们会很自然地将注意力放在那只最特别的白猴子上。每一件当前的困难事都是那只白猴子，吸引着我们所有的注意力。但是，随着时间的推移，这只白猴子最终还是会变成黄猴子，出现下一只“白猴子”。

我曾经遭遇非常多难以接受的痛苦，也经历过刻骨铭心的创伤，但是我还是走出来了。我并不是说这些事情得到了解决或者变得更好，而是我的生活一直出现新的麻烦和困难，我不得不把注意力调到当前的问题上，这也使得以前的不幸变成了一种背景音，甚至毫无踪影地消失在了我的记忆中。

所以，请相信一切都不会变好，但是一切都会过去！我们需要做的是让生活不断有新的焦点，这种焦点可以是一个爱好、可以是一个人，甚至可以是一份工作。让改变不了的事情都变成可有可无的背景音乐吧。

有分辨一件事情能不能改变的智慧

我们都知道“要改变能改变的事情，接受不能改变的事情”，但是如何分辨一件事情能不能改变呢？这就需要我们有智慧。比如前面说到你即将登上游艇出航，因为你有足够的气象学知识可以判断出航期间会出现暴风雨，或者你有足够的船只维修知识，判断出这艘游艇的破损不足以支撑出行，那么你就可以大胆选择放弃。

所以，怎样才能让自己变得更有智慧？那就是有足够的知识和经验。鉴于经常有人在阅读我的作品之后有提问书单的事情，因此，我推荐一些我认为在自我提升、情绪管理学方面非常好的书，希望大家能够借此变成一个有智慧的人。

推荐书目

自我提升

《反本能》，卫蓝，天地出版社

《自控力》，［美］凯利·麦戈尼格尔，文化发展出版社

《精进》，采铜，江苏凤凰文艺出版社

《深度思维》，叶修，天地出版社

《优秀的绵羊》，［美］威廉·德雷谢维奇，九州出版社

情绪管理

《幸福课》，陈海贤，江西人民出版社

《大脑圣经》，［美］约翰·雅顿，中国青年出版社

《反焦虑思维》，［美］罗尔·克肖、比尔·韦德，江苏凤凰文艺出版社

《象与骑象人》，［美］乔纳森·海特，浙江人民出版社

《大脑的情绪生活》，［美］沙伦·贝格利、理查德·戴维森，上海人民出版社

亲密关系（亲人与恋人）

《我们内心的冲突》，［美］卡伦·霍妮，长江文艺出版社

《爱到极致是放手》，张德芬，湖南文艺出版社

《亲密关系》（第5版），［美］罗兰·米勒，人民邮电出版社

《爱的艺术》，［美］弗洛姆，上海译文出版社

《男人来自火星，女人来自金星》，［美］约翰·格雷，中国友谊出版公司

交际沟通

《非暴力沟通》，［美］马歇尔·卢森堡，华夏出版社

《好好说话》，马东等，中信出版社

《说话之道》，蔡康永，湖南文艺出版社

《沟通的艺术》，［美］罗纳德·B. 阿德勒，北京联合出版公司

《社交天性》，［美］马修·利伯曼，浙江人民出版社

社会认知

《社会心理学》（第8版），［美］戴维·迈尔斯，人民邮电出版社

《公意的边界》，北京大学国家发展研究院，上海人民出版社

《社会学的邀请》，［美］乔恩·威特，北京大学出版社

《乌合之众》，［法］古斯塔夫·勒庞，中央编译出版社

《娱乐至死》，［美］尼尔·波兹曼，中信出版社